SITZUNGSBERICHTE DER SÄCHSISCHEN AKADEMIE
DER WISSENSCHAFTEN ZU LEIPZIG

Mathematisch-naturwissenschaftliche Klasse

Band 119 · Heft 2

HEINZ PENZLIN

DIE ERSCHEINUNG DES LEBENDIGEN IN UNSERER WELT

AKADEMIE-VERLAG BERLIN

1986

SITZUNGSBERICHTE DER SÄCHSISCHEN AKADEMIE DER WISSENSCHAFTEN ZU LEIPZIG

MATHEMATISCH-NATURWISSENSCHAFTLICHE KLASSE

Band 112

Heft 1 Prof. Dr. WALTER BREDNOW, Spiegel, Doppelspiegel und Spiegelungen – eine „wunderliche Symbolik" Goethes 1975. 28 Seiten – 4 Abbildungen – 8° – M 3,–

Heft 2 Prof. Dr. ARTHUR LÖSCHE, Über negative absolute Temperaturen. Eine Einführung 1976. 26 Seiten – 12 Abbildungen – 8° – M 4,–

Heft 3 Prof. Dr. med. HERBERT JORDAN, Kurorttherapie: Prinzip und Probleme 1976. 31 Seiten – 10 Abbildungen – 1 Tabellen – 8° – M 4,50

Heft 4 Prof. Dr. FRIEDRICH WOLF / Dr. PETER FRÖHLICH, Zur Druckabhängigkeit von Ionenaustauschreaktionen 1977. 13 Seiten – 6 Abbildungen – 1 Tabelle – 8° – M 2,–

Heft 5 Prof. Dr. DIETRICH UHLMANN, Möglichkeiten und Grenzen einer Regenerierung geschädigter Ökosysteme 1977. 50 Seiten – 20 Abbildungen – 2 Tabelle – 8° – M 6,50

Heft 6 Prof. Dr. ERICH RAMMLER, Zwei Jahrzehnte Entwicklung des Einsatzes der Energieträger Kohle und Erdöl im Weltmaßstab 1977. 29 Seiten – 6 Abbildungen – 4 Tabellen – 8° – M 4,–

Heft 7 Prof. Dr. ULRICH FREIMUTH, Umweltprobleme in der Ernährung 1977. 32 Seiten – 3 Abbildungen – 4 Tabellen – 8° – M 4,–

Band 113

Heft 1 Prof. Dr. ERICH LANGE, Allgemeingültige Veranschaulichung des II. Hauptsatzes 1978. 22 Seiten – 10 grafische Darstellungen – 8° – M 4,–

Heft 2 Prof. Dr. HERBERT BECKERT, Bemerkungen zur Theorie der Stabilität 1977. 19 Seiten – 8° – M 2,50

Heft 3 Prof. Dr. sc. KLAUS DÖRTER, Probleme und Erfahrungen bei der Entwicklung einer intensiven landwirtschaftlichen Produktion im Landschaftsschutzgebiet des Harzes 1978. 20 Seiten – 6 Abbildungen, davon 4 farbige auf 2 Tafeln – 2 Tabellen – 8° – M 7,–

Heft 4 Prof. Dr. sc. med. HANS DRISCHEL, Elektromagnetische Felder und Lebewesen 1978. 31 Seiten – 14 Abbildungen – 2 Tabellen – 8° – M 5,–

Heft 5 Prof. Dr. MANFRED GERSCH, Wachstum und Wachstumsregulatoren der Krebse. Biologische Erkenntnisse und generelle Erwägungen 1979. 32 Seiten – 13 Abbildungen – 1 Tabelle – 8° – M 6,–

Heft 6 Prof. Dr. rer. nat. FRIEDRICH WOLF / Dr. rer. nat. URSULA KOCH, Über den Einfluß der chemischen Struktur von Dispersionsfarbstoffen auf deren Dispersionsstabilität 1979. 18 Seiten – 3 Abbildungen – 10 Tabellen – 8° – M 3,50

Heft 7 Prof. Dr. rer. nat. FRIEDRICH WOLF / Dr. rer. nat. WOLFGANG HEYER, Zur Sorption an Tetracalciumaluminathydroxysalzen 1980. 12 Seiten – 5 Abbildungen – 4 Tabellen – 8° – M 2,–

Band 114

Heft 1 Prof. Dr. HASSO ESSBACH, Morphologisches zur orthologischen und pathologischen Differenzierung und zum Anpassungs- und Abwehrvermögen der menschlichen Placenta 1980. 19 Seiten – 12 Abbildungen – 8° – M 4,–

Heft 2 Prof. Dr. med. WERNER RIES, Risikofaktoren des Alterns aus klinischer Sicht 1980. 19 Seiten – 9 Abbildungen, davon 1 Abbildung auf Tafel – 8° – M 4,–

Heft 3 Prof. Dr. OTT-HEINRICH KELLER, Anschaulichkeit und Eleganz beim Alexanderschen Dualitätssatz 1980. 19 Seiten – 8° – M 4,–

Heft 4 Prof. Dr. rer. nat BENNO PARTHIER, Die cytologische Symbiose am Beispiel der Biogenese von Zellorganellen 1981. 29 Seiten – 16 Abbildungen – 2 Tabellen – 8° – M 6,–

Heft 5 Prof. Dr. F. WOLF / Dr. S. ECKERT / Dr. M. WEISE / Dr. S. LINDAU, Untersuchungen zur Synthese und Anwendung bipolarer Ionenaustauschharze 1980. 12 Seiten – 6 Tabellen – 8° – M 2,–

Heft 6 Prof. Dr. med. HERBERT JORDAN, Balneobioklimatologie – Eine Zielstellung im Mensch-Umwelt-Konzept 1981. 25 Seiten – 8 Abbildungen – 1 Tabelle – 8° – M 4,–

SITZUNGSBERICHTE DER SÄCHSISCHEN AKADEMIE
DER WISSENSCHAFTEN ZU LEIPZIG

Mathematisch-naturwissenschaftliche Klasse
Band 119 Heft 2

HEINZ PENZLIN

DIE ERSCHEINUNG DES LEBENDIGEN IN UNSERER WELT

Mit 10 Abbildungen und 3 Tabellen

AKADEMIE-VERLAG BERLIN
1986

Vorgelegt in der Sitzung am 8. Februar 1985
Manuskript eingereicht am 26. April 1985
Druckfertig erklärt am 30. September 1986

ISBN 3-05-500097-8
ISSN 0371-327X

Erschienen im Akademie-Verlag Berlin, DDR - 1086 Berlin, Leipziger Straße 3—4

Lizenznummer: 202 · 100/242/86
Printed in the German Democratic Republic
Gesamtherstellung: VEB Druckhaus „Maxim Gorki", 7400 Altenburg
LSV 1305
Bestellnummer: 763 615 3 (2027/119/2)

01200

Inhalt

1. Einleitung

Das Universum mit seinen geschätzten 10^{11} Galaxien, wovon jede wiederum aus ungefähr 10^{11} Sternen bestehend zu denken ist, übersteigt in seiner Unermeßlichkeit unser beschränktes Vorstellungsvermögen. Das von uns „bewohnte" Milchstraßensystem zeichnet sich in diesem Universum durch keine Besonderheit aus. Dasselbe gilt für „unser" Sonnensystem, in dem die Erde ein Planet unter mehreren ist. Und doch ist dieses winzige „Stäubchen" im Universum, das wir „Erde" nennen und auf dem wir leben, durch eine Kette von Zufälligkeiten und günstigen Umständen zur Wiege des Wunderbarsten, was wir kennen, geworden: des Menschen, eines Wesens, das über seine eigene, vergängliche Existenz zu reflektieren begann. „Zwei Dinge", schrieb Immanuel KANT [1] in seiner „Kritik der praktischen Vernunft", „erfüllen das Gemüt mit immer neuer und zunehmender Bewunderung und Ehrfurcht, je öfter und anhaltender sich das Nachdenken damit beschäftigt: Der bestirnte Himmel über mir und das moralische Gesetz in mir". Und Karl POPPER fügt hinzu: „Das erste macht unsere Bedeutung zunichte: Es läßt die Bedeutung des Menschen als Teil des physikalischen Universums zu einem Nichts zusammenschrumpfen. Das zweite erhebt dagegen unseren Wert als intelligente und verantwortliche Wesen ins Unermeßliche" [2].

Wir wissen nicht, ob es irgendwo im Universum nochmals die Erscheinung des Lebendigen, wie wir sie von der Erde kennen, gibt oder gegeben hat, mit Sicherheit in unserem Sonnensystem nicht. Die außerordentlich große Zahl von Himmelskörpern im Universum läßt allerdings die Wahrscheinlichkeit dafür deutlich von Null abweichen, daß das außerordentlich seltene Ereignis der Entwicklung erdähnlicher Verhältnisse auf einem anderen Himmelskörper und damit der Voraussetzungen für die Entstehung von Leben insgesamt in Vergangenheit und Gegenwart viele Male eingetreten sein könnte oder auch noch in Zukunft eintreten wird. So könnte die Chance für die Entwicklung von „intelligenten" Wesen immer einmal gegeben gewesen sein. Aber selbst, wenn es eine Million solcher Himmelskörper passender Masse in dem richtigen Abstand von einer energiespendenden Sonne, die nicht zu massenreich, da sonst ihre Lebensdauer für die Entstehung von Lebendigem nicht ausreichen, aber auch nicht zu klein sein dürfte, da sonst der Spielraum für den erforderlichen Abstand zum Planeten zu schmal werden würde, in unserer Galaxie gäbe, selbst dann würde die mittlere Entfernung zwischen diesen Himmelskörpern, auf denen Ozeane aus einer verdünnten organischen Suppe das Substrat für die Entstehung des Lebendigen geliefert haben, immer noch einige hundert Millionen Lichtjahre betragen [3]. Seit 1974 werden von dem zweitgrößten, fest installierten Radioteleskop in Arecibo auf Puerto Rico Signale in den Weltraum zum Kugelsternhaufen M 13 im Sternbild des Herkules gesandt. Dieser Sternhaufen enthält mindestens 300000 Sterne, die zum Teil Planeten besitzen dürften. Er ist 25000 Lichtjahre von uns entfernt. Mit einer „Antwort" intelligenter Wesen wäre also frühestens in 50000 Jahren zu rechnen. Wir werden uns auch in Zukunft damit abfinden müssen, als Geschöpfe unseres kleinen Planeten in grenzenloser Einsamkeit im unermeßlichen Universum zu leben. Umso mehr sollten wir Menschen, die wir als einzige Lebewesen die Fähigkeit besitzen, über uns selbst und den Sinn dieser Welt nachzudenken, Fragen zu stellen und Wege zu ihrer Beantwortung zu suchen, Pläne zu schmieden und in die Tat umzusetzen, uns dieser, unserer „Mutter Erde" zuwenden und sie in ihrer vielfältigen Schönheit und Bewohnbarkeit bewahren und fördern.

Heute kennen wir etwa 1,2 Millionen Tierarten auf unserer Erde, darunter allein 850000 verschiedene Insektenarten. Die bekannten Pflanzenarten belaufen sich auf „nur" etwa 400000. Die „Bestandsaufnahme" der faszinierenden Vielfalt des Lebens auf unserem Planeten kann bei weitem noch nicht als abgeschlossen betrachtet werden und wird auch nie abgeschlossen sein. Die tatsächliche Vielfalt ist beträchtlich höher als die jetzt bekannte Artenzahl. Die Schätzungen der Experten gehen sehr weit auseinander. Es werden Zahlen zwischen 3 und 10 Millionen Arten genannt [4], die unsere Erde gegenwärtig besiedeln, darunter mehr als die Hälfte im tropischen Regenwald. Beziehen wir alle Arten ein, die jemals auf der Erde existierten, so gehört wiederum nur ein winziger Bruchteil zu „unseren Zeitgenossen", der weitaus größere Teil ist im Strom der Evolution bereits wieder verschwunden. Viele Tier- und Pflanzenformen der Gegenwart werden den Schauplatz des Geschehens infolge der durch den Menschen verursachten Zerstörung der Natur auch schon wieder unwiderruflich verlassen haben, bevor der Mensch ihre Existenz registriert hat. Entsprechend den „Red Data Books", die von der „International Union for Conservation of Nature und Natural Resources" (INCN) herausgegeben werden, sind gegenwärtig 1000 Vogel- und Säugetierarten vom Aussterben bedroht. Es wird weiterhin geschätzt, daß 10 Prozent der Blütenpflanzen ebenfalls vom Aussterben bedroht bzw. gefährlich selten geworden sind [4]. Eine andere Schätzung sagt aus, daß gegenwärtig pro Tag fünf Arten von unserem Globus verschwinden.

Die erkaltete Oberfläche unserer Erde wird in nahezu allen ihren Teilen von Lebewesen bewohnt. Leben tritt uns auf den Gletschern der Hochgebirge und den polnahen Gewässern bei ständigen Temperaturen um oder unter dem Gefrierpunkt ebenso entgegen wie in Thermalquellen von mehr als 50 °C oder in den Wüsten unseres Globus. Leben gibt es in den tiefsten Gräben der Ozeane in 11000 Metern Tiefe bei ständiger Finsternis und einem Druck von ca. 10^8 Pa ebenso wie in den Salzseen der USA oder Argentiniens bei Salzkonzentrationen von 222 bzw. 360‰. Ziehende Wildgänse erheben sich bis zu Höhen von 9500 m. Noch in 10000 m Höhe hat man pflanzliche Sporen schwebend angetroffen. Im Boden unter einer Fläche von 1 m^2 leben neben vielen anderen Organismen allein etwa 2,7 10^{12} Bakterien, das ist das 750fache der Erdbevölkerung (1970: $3{,}6 \cdot 10^9$ [5]). Sieht man von den Inlandeiswüsten des antarktischen Kontinents, Grönlands und einiger anderer hocharktischer Gebiete sowie von den höchsten Teilen der Gebirge und den Trockenwüsten ab, so ist das Festland unserer Erde zum größten Teil von einer geschlossenen grünen Pflanzendecke überzogen, so daß wir unsere Erde, der die Weltraumflieger den Namen „blauer" Planet verliehen haben, auch als „grünen" Planeten bezeichnen können.

Die Biosphäre, d. h. der Raum, in dem man Leben antrifft, umfaßt die gesamte Hydrosphäre, die oberen Schichten der Lithosphäre sowie die unteren Schichten der Troposphäre unserer Erde. In der Tiefe der Lithosphäre wird die steigende Temperatur, in der Höhe der Atmosphäre das Fehlen der die kurzwelligen Strahlen abschirmenden Ozonschicht zum lebensbegrenzenden Faktor. Die Biomasse der Biosphäre beträgt etwa $1800 \cdot 10^9$ t. Davon macht die autotrophe Phytomasse ca. 99% aus, den Rest bilden die heterotrophen Pflanzen, auf die in sich so stark differenzierten tierischen Organismen entfallen nur etwas mehr als 0,1%. Die gesamte Nettoprimärproduktion der Biosphäre beläuft sich auf $170 \cdot 10^9$ t $\cdot$ a^{-1}. Im Vergleich dazu ist die Weltrohstahlproduktion (1969) mit insgesamt $5{,}7 \cdot 10^8$ t $\cdot$ a^{-1} [6] klein.

Das größte rezente Tier — ebenfalls vom Aussterben bedroht — ist der Blauwal (*Balaenoptera musculus*) mit bis zu 30 m Länge und einem Gewicht von 10^8 g. Das kleinste Lebewesen wiegt weniger als 10^{-13} g. Es sind Vertreter der Mykoplasma-Gruppe, die in einem künstlichen Medium zu leben und sich fortzupflanzen vermögen. Zwischen den Massen dieser beiden Lebewesen liegen 21 Größenordnungen. Die Mammutbäume (*Sequoia gigantea*) in der Sierra Nevada haben ein Alter von 4000 bis 5000 Jahren erreicht, das sind $1{,}5 \cdot 10^{11}$ s. Die Generationsdauer eines Bakteriums beträgt unter günstigen Bedingungen $1{,}2 \cdot 10^3$ s. Wieder sind es acht Zehnerpotenzen, die zwischen beiden Extremen liegen.

Ist es angesichts dieser bunten Vielfalt von Formen und Größen überhaupt möglich, auf alle Lebewesen gleichermaßen zutreffende Aussagen zu machen, Kriterien zu finden, durch die sich alle Lebewesen prinzipiell von allen anorganischen Gegenständen unterscheiden, seien letztere auf natürliche Weise entstanden oder durch Menschenhand und -geist hergestellt?

Es ist nicht meine Absicht, den „Definitionen des Lebens", die in der Vergangenheit bis in die Gegenwart hinein von Naturwissenschaftlern und Philosophen in so großer Zahl von verschiedenen Standpunkten aus mehr oder weniger absolut formuliert worden sind, eine weitere — wer weiß wievielte? — hinzuzufügen. Die Definition des Lebendigen bleibt auch für uns noch, wie Francis CRICK einmal sagte [7] „notoriously difficult". Meine Absicht ist es vielmehr, einige mir wichtig erscheinende, generelle Aspekte der Erscheinung des Lebendigen in unserer Welt aus der Sicht des Biologen zu beleuchten.

Die bereits 1907 von Max VERWORN hinsichtlich der Bedeutung der sogenannten „Definition des Lebens" gemachten Bemerkungen haben bis heute ihre Gültigkeit behalten. Er schrieb: „Es hat nicht an Definitionen gefehlt, die kurz und knapp mit wenigen Worten das Wesen des Lebens charakterisiert zu haben glaubten ... Aber so wenig auch ein moderner Naturforscher die Wahrheiten, die alle diese Definitionen zum Ausdruck bringen, beanstanden wird, so wenig wird er doch in ihnen eine eindeutige Charakterisierung des Lebensvorganges erkennen Wir wollen vorläufig überhaupt keine knappe Definition. Die findet sich später von selbst. Wir wollen vielmehr den Lebensvorgang, wie er sich uns in den Lebensäußerungen darstellt, bis in seine letzten Tiefen ergründen" [8]. Wenn wir heute noch keine, allen Ansprüchen genügende Definition geben können, so ist das völlig verständlich. Eine solche Definition kann nicht am Anfang der biologischen Forschung stehen — und wir stehen noch am Anfang — und schon gar nicht zur Rechtfertigung einer Wissenschaftsdisziplin Biologie dienen. Sie ist ja erst ein Ziel der Forschung. Mit gewissem Recht schrieb Matthias Jacob SCHLEIDEN in seinem Buch „Grundzüge der wissenschaftlichen Botanik" (1861): „Nichts ist geist- oder gehaltloser als der Beginn einer wissenschaftlichen Disziplin mit einer sauberen Definition der Wissenschaft und ihres Gegenstandes" [9]. Es trifft nicht zu, wenn der Berliner Philosoph Uwe KÖRNER schreibt: „Problem und Schwierigkeit der Lebensdefinition sind ... heute nicht mehr primär durch Zuwachs empirischer Kenntnisse, sondern in erster Linie durch eine bestimmte Entwicklung des Denkansatzes aufzulösen" [10].

Für die biologische Forschung und den wissenschaftlichen Fortschritt in der Biologie ist eine saubere Definition des Lebendigen gegenwärtig nicht essentiell. Die enormen Fortschritte in der Biologie, wie sie in den letzten hundert Jahren erzielt worden sind, sind ohne eine solche Definition zustande gekommen, und so wird es auch noch eine Zeitlang bleiben. Es ist nicht so, daß „die Definition des Lebensbegriffes ... bedeutsam für die Theorienbildung und den Fortschritt experimenteller Forschung" ist, wie Uwe KÖRNER meinte [10]. „Das Problem des Lebens", schrieb Ludwig WITTGENSTEIN in seinem einzigen Werk, das noch zu seinen Lebzeiten erschienen ist, „merkt man am Verschwinden dieses Problems" [11].

Karl Popper versucht generell „Was ist"-Fragen so weit wie möglich zu vermeiden. Ganz kann man mit Sicherheit nicht darauf verzichten, und Popper tut es selbstverständlich auch nicht. Eine saubere Begriffsbestimmung gehört zu jeder wissenschaftlichen Arbeit. In einem Gespräch mit dem Neurophysiologen John C. Eccles meinte Popper einmal hinsichtlich des Lebensproblems: „Was ist-Fragen sind immer in Gefahr zu einem Verbalismus zu degenerieren — zur Diskussion über die Bedeutung von Worten oder Begriffen oder zur Diskussion über Definitionen" [12]. „Sie sind ... gewöhnlich nicht besonders wichtig und eigentlich keine guten Fragen. Sie sind von einer Form, die keine wirklich erhellenden Antworten darauf zuläßt. So kann man auf die Frage, was Leben ist, die unbefriedigende Antwort geben, Leben sei ein chemischer Prozeß. Die Antwort ist unbefriedigend, weil es Unmengen chemischer Prozesse gibt, die nichts mit Lebensvorgängen zu tun haben. Es *kann* uns sehr wohl interessieren, wenn gesagt wird, daß Leben ein chemischer Prozeß ist; aber hauptsächlich deswegen, weil es uns zu interessanten Bildern anregt. Wenn wir sagen, das Leben habe eine gewisse Ähnlichkeit mit den chemischen Prozessen einer Flamme, es stelle eine Art offenes System dar wie eine Kerzen-Flamme, dann kann das tatsächlich ein eindrucksvolles Bild sein, aber von besonderem Wert ist es nicht" [13].

2. Systemcharakter des Lebendigen

Die erste Feststellung, die wir machen müssen, ist die, daß wir das „Leben" in seiner Vielfalt nur in Form lebendiger Wesenheiten, der „Lebe-Wesen" antreffen. Es gibt kein vom Lebewesen unabhängiges Leben. Es gibt also auch keinen selbständigen Forschungsgegenstand „Leben". Die Biologie ist nicht, wie man oft in direkter Übersetzung des Wortes sagt, die „Wissenschaft vom Leben", sondern die Wissenschaft von den lebendigen Naturgegenständen in ihrem Werden und ihrem Sein sowie in ihren vielfältigen Beziehungen untereinander und zur unbelebten Natur. Nachtigall hat durchaus recht, wenn er sagt: „Der Begriff ‚Leben' ist ein metaphysischer Begriff" [14].

Diese Feststellung ist keineswegs — wie es manchem auf den ersten Blick scheinen möchte — trivial, sondern impliziert bereits einen Standpunkt in der Auseinandersetzung mit dem Lebensproblem. Entgegen dieser Position glaubte und glaubt man in verschiedenen Kulturkreisen an ein auch außerhalb der Lebewesen existierendes lebendiges Etwas. Mit dem Tode solle dieses Etwas, nennen wir es „Seele", den Körper als Hauch aus dem Munde oder aus einer Wunde verlassen und ein mehr oder weniger selbständiges und unabhängiges Leben führen können. Durch Einnistung dieser „Seelen" in Gegenstände sollen umgekehrt diese erst zum Leben erweckt werden. Als Beispiel sei an die Seelenlehre PLATONS erinnert. Sie ist stark von der orphisch-pythagoreischen Mystik beeinflußt. Die Seele sei göttlichen Ursprungs, lehrte dieser große Philosoph, und — wie bereits „in den Dionysischen Mysterien als Glaubenslehre und tröstliche Botschaft verkündet“ [15] — unsterblich. Leben auf Erden bedeute Vereinigung von Seele und Leib, Tod die Trennung beider. Im Körper sei die Seele gewissermaßen Gefangener, aus ihm könne sie nur durch den Tod wieder befreit werden. Ihr weiteres Schicksal hänge dann von ihrem Verhalten in diesem Leben ab. Das wahre Ziel des Menschenlebens sei die „Reinigung“ der denkenden Seele. Verbreitet sind Vorstellungen, daß sich die „Geister“ Verstorbener den Hinterbliebenen im Raume zeigen können, sie können Rache nehmen oder auch Unheil abwenden. Es gelte deshalb, diese Geister fortzujagen oder wohlwollend zu stimmen. Viele Riten und Bräuche bis in unsere Tage, ich erwähne nur das alljährlich wiederkehrende Abschießen von Knallkörpern zu Silvester, haben in solchen Vorstellungen ihren Ursprung.

Aber nicht nur in den Riten, auch in der Wissenschaft hielten sich solche und ähnliche Anschauungen mit großer Hartnäckigkeit und tauchten immer einmal wieder wie Phönix aus der Asche auf. „Tatsächlich ist seit den Zeiten ARISTOTELES immer wieder versucht worden, gemäß seiner Lehre die Seele oder das der Seele Analoge zu suchen, welches die Materie beherrscht. Das heißt, immer wieder meinte man, im lebenden Organismus bestehe zweierlei, nämlich einmal die lebendigen Lenker und auf der anderen Seite das von diesen lebendigen Zentren geformte passive Material“, schrieb der Pflanzenphysiologe Erwin BÜNNING [16], und er fuhr fort: „Die ganze Geschichte der Biologie ist begleitet von dieser Suche nach einem solchen lebenden Prinzip. Freilich, man hat es bald aufgegeben, dieses Prinzip notwendig mit etwas Seelischem oder Geistigem zu identifizieren ... Nicht mehr das Seelische sollte also die lenkende Einheit der körperlichen Vorgänge sein, sondern man suchte nach einem körperlichen Analogon zu ihm“.

Verfolgt man in der Geschichte die Entwicklung solcher Hypothesen über „Elementarkörperchen des Lebens“, so kann man feststellen, daß diese Lebenseinheiten mit dem Fortschritt der naturwissenschaftlichen Analyse „gleichsam in immer feinere Dimensionen flüchteten“. Sie „schienen sich vor den Augen des analysierenden Forschers immer mehr in den Bereich des mikroskopisch nicht Analysierbaren zu verkriechen“ [16].

„Leben“ ist aber grundsätzlich eine Eigenschaft von Systemen und niemals einzelner Moleküle, seien sie auch noch so komplex in ihrem Aufbau. Wir müssen alle Hypothesen ablehnen, die molekulare Einheiten postulieren, die als „eigentliche“ Träger des Lebens anzusehen seien. Diese, besonders in der zweiten Hälfte des 19. Jahrhunderts sehr verbreiteten Anschauungen, die sogenannten „Verbindungstheorien“ [17], waren in sich sehr vielfältig und keineswegs einheitlich, so daß jeder Autor es für nötig erachtete, die von ihm postulierten letzten Einheiten mit einem besonderen Namen zu versehen. So entstanden z. B. die „Biosphären" bei A. F. T. MAYER (1837), die „Physiologischen Einheiten" bei Herbert SPENCER [18], die „Gemmulae" oder „Keimchen" bei Charles DARWIN [19], das „lebendige Eiweiß" bei Eduard PFLÜGER [20], die „Pangene" bei Hugo DE VRIES [21], die „Biophoren" bei August WEISMANN [22], das „Isoplasson" bei Wilhelm ROUX, die „Plastidulen" bei Ernst HAECKEL [23], die „Bioplasten" bei Oscar HERTWIG, die „Protomeren" bei Martin HEIDENHAIN und die „Biogene" bei Max VERWORN [24].

Alle diese „Molekulartheorien des Lebens" bestanden im wesentlichen nur darin, daß „sie die zu erklärende Eigenschaft von den Organismen und Organen auf hypothetische organische Moleküle und Molekülgruppen übertrugen" (Wilhelm WUNDT). In diesen Zusammenhang ist auch die Polemik H. FISCHERS mit Eduard BUCHNER über die lebende Natur der Enzyme neben der des „aktiven Plasmaeiweißes" einzuordnen [25].

Eine besonders extreme Vorstellung entwickelte der Marburger Botaniker Arthur MEYER (1920) in seiner Vitül- und Mionentheorie [26]. Die durch chemische Mittel und Methoden faßbaren Substanzen des Protoplasmas werden von Arthur MEYER alle als „ergastische Stoffe" betrachtet, Träger des Lebens seien allein die unsichtbaren und kompliziert aufgebauten „Vitüle". Diese sollen eine „vererbbare Maschinenstruktur besitzen und in einem einkernigen Protoplasten mehrfach vorhanden" sein. Für jedes Organ werden „besonders gebaute Vitüle" angenommen. Ihr Gewicht wird mit 6,75 $\times 10^{-15}$ mg exakt angegeben. Dem entsprechen etwa 482 Hämoglobinmoleküle. Die Vitüle sollen aus sehr kleinen Bauelementen, kleiner als die Moleküle oder Atome, aufgebaut sein. „Die Vitüle", so schreibt Arthur MEYER, „können also nicht aus Molekülen oder Atomen der chemischen Substanzen aufgebaut sein, da von diesen viel zu wenig in ein Vitül hineinpassen". „Ich nehme", so heißt es weiter, „als die kleinsten raumerfüllten Realitäten, die zum Aufbau der in sich geschlossenen Systeme, welche ich Vitüle, nenne, dienen, diesen ähnliche, nur viel kleinere Gebilde an, wie die Elektronen, und nenne sie Mionen". Und man wird weiter belehrt: „Ein Mion müßte wohl mehr als 2000mal weniger Masse besitzen als ein Elektron". Diese Mionen sollen „nur durch Zertrümmerung von Atomen gewonnen werden" können, „zu welcher dem Protoplasma Energie, die durch Atmungsprozesse frei wird, zur Verfügung steht". Die Mionen sollen auch vielleicht „die Ursache von Energieformen, welche die Eigenart der Lebenserscheinungen mit hervorrufen", sein. Sie sollen nur innerhalb der Zelle existenzfähig sein und beim Absterben des Protoplasmas „in den Zustand der in der toten Natur beständigen raumerfüllenden kleinsten Realitäten übergehen". Es sollen sich dann „aus den Bindestücken der Vitüle chemische Substanzen bilden", welche man „bei der chemischen Untersuchung der Protoplasten findet".

Man braucht heute wohl kaum noch über die Unhaltbarkeit und Unwissenschaftlichkeit dieser Theorie zu diskutieren, von der der Autor allerdings meinte, daß sie „eine Forderung der mikroskopischen Morphologie" sei und „kaum Hypothetisches an sich" habe.

Wir wissen heute, daß es keine „lebendigen Moleküle“ oder Substanzen gibt. Jede Substanz im Protoplasma, die Eiweiße und Enzyme ebenso wie die Nukleinsäuren sind für sich genommen genauso wenig lebendig wie ein Na^+- oder Cl^--Ion. „Ein chemisch individueller Stoff beliebiger Kompliziertheit allein genommen, sei es ein Eiweiß oder eine Nukleinsäure, kann nicht leben. Es ist sinnlos, von lebenden Molekülen zu sprechen. Leben entsteht durch die spezielle Wechselwirkung einer Reihe von Molekülen verschiedener Art“, schrieb der sowjetische Biophysiker WOLKENSTEIN [27].

Ernst HAECKEL sah noch — wie viele seiner Zeitgenossen auch — die Differenz zwischen den Organismen und den „Anorganen“ nur relativ „lediglich in der verwickelteren chemischen Zusammensetzung der Kohlenstoffverbindungen begründet“ [28]. Die Lebensäußerungen werden auf die Leistungen von Molekülen zurückgeführt. Das Plasma ist für HAECKEL „die lebendige Substanz“, und er stellt sie sich als „eine stickstoffhaltige Kohlenstoff-Verbindung in festflüssigem Aggregat-Zustand“ [29] „von sehr verwickelter chemischer Zusammensetzung“ [30] vor. Er lehnt die Auffassung Oscar HERWIGS, „daß die lebende Substanz ein ‚Gemisch‘ oder ein ‚Gemenge‘ zahlreicher chemischer Stoffe sei“ ab [31]. „Protoplasma“, schreibt er, „ist ein chemischer Begriff und nicht ein Gemenge von verschiedenen Substanzen“ [31]. Die Grundlage des Lebens sieht er in „der komplizierten Art und Weise, in welche die Atome der Elemente in den organischen Körpern zu verwickelteren Atomgruppen (Molekülen) zusammentreten“, in „der verwickelteren atomistischen Konstitution der Kohlenstoff-Verbindungen“ [32].

Mit diesen Ansichten stand HAECKEL nicht auf der Höhe seiner Zeit. Bereits vor dem Erscheinen der „Generellen Morphologie“ schrieb Herbert SPENCER in seinen „Prinzipien der Biologie“ (1864): „Ein Stück organischer Materie, das im Stande ist, jene Erscheinungen hervorzurufen, welche den Gegenstand der biologischen Forschung bilden, ist aber etwas viel Komplizierteres als die einzelnen organischen Stoffe ..., denn ein Stück organischer Materie im unveränderten, lebenden Zustande enthält stets mehrere der letzteren“ [33]. Carl Wilhelm VON NAEGELI kritisierte HAECKEL mit Recht, indem er schrieb [34]: „HAECKEL betrachtet seine Moneren als die einfachst denkbaren Organismen, noch ohne alle Differenzierung, so daß jedes Molekül in physiologischer Beziehung gleich dem Ganzen sei. Ich möchte dagegen die Behauptung aufstellen ..., daß von der Bildung des Eiweißmoleküls (oder ‚Plastiduls‘) bis zur Organisation des Moners, welche beiden Vorgänge nach HAECKEL zusammenfallen, der Abstand in qualitativer Beziehung nicht geringer, sondern eher größer ist als zwischen dem Moner und dem Säugetier Alle Eigenschaften des Säugetiers sind in dem Moner wenigstens als Andeutungen schon vorhanden, während die Eigenschaften des Moners aus dem Eiweißmolekül erst neu geschaffen werden müssen“.

Die „These von der vitalen Alleinbedeutung des Eiweißes“ [17] hat lange Zeit viele berühmte Anhänger gehabt. Max VERWORN, ein Schüler von Ernst HAECKEL, meinte z. B. [35]: „Gegenüber der Gesamtheit aller anorganischen Körper besteht das gemeinsame Charakteristikum der Organismen nur in dem ausnahmslosen Besitz gewisser hochkomplizierter chemischer Verbindungen, vor allem der Eiweißkörper“. Gern sprach man vom Protoplasma als „Eiweißklümpchen“, vom „lebendigen Eiweiß“ (E. PFLÜGER), vom Leben als „die Daseinsweise der Eiweißkörper“ (F. ENGELS). Man sollte heute, da es festliegt und bekannt ist, was wir unter der chemischen Substanz „Eiweiß“ zu verstehen haben, solche Begriffe grundsätzlich vermeiden, da sie irreführend und falsch sind. Sie passen nicht mehr in unsere Zeit. Der Chemiker kann heute praktisch jedes Eiweiß — darunter biologisch hochaktive — synthetisieren, nicht eines davon zeigt oder wird die Eigenschaften des Lebendigen zeigen. Damit ist nicht in Abrede gestellt, daß das Eiweiß eine essentielle und zentrale Bedeutung für die Existenz lebendiger Systeme hat, daß es durch seine vielfältigen Fähigkeiten zu Wechselwirkungen mit nieder- und hochmolekularen Verbindungen Leben mit ermöglicht, aber — es lebt selber, für sich allein genommen nicht! Die Existenz bestimmter chemischer Stoffe, wie Proteine, Nukleinsäuren, Lipide, Salze, Wasser etc. ist zwar eine notwendige Bedingung für die Erscheinung des Lebendigen, aber keine hinreichende. „Leben“, schreibt Reinhard W. KAPLAN, „setzt Nukleinsäuren und deren Replikation wie auch Proteine und deren Synthese unter Steuerung von Nukleinsäuregenen voraus“ [36], sie machen aber noch nicht das Leben aus.

Die „These von der vitalen Alleinbedeutung des Eiweißes“ lebt heute mancherorts in der erweiterten These von der vitalen Alleinbedeutung der Nukleoproteide fort. So findet man bei Dimitri BELJAJEW [37] die Formulierung: Leben sei „die Existenzform von Nukleoproteinkomplexen“. Auch das ist im Grunde genommen nicht zutreffend. Auch die „Nukleoproteinkomplexe“ allein sind noch keine „Elementarorganismen“. Der Genetiker MULLER ging so weit, in einem einzigen Nukleinsäuremolekül bereits einen einfachsten und vielleicht auch den ersten „Organismus“ zu erblicken, wenn er in der Lage ist, sich in einer Nährlösung, die Replikase und Nucleosidtriphosphate enthalten müßte, zu replizieren. Ein solches Makromolekül, so wird argumentiert, hätte einen sehr einfachen Stoffwechsel, es würde sich reproduzieren, und es könnte Mutationen zeigen. „Damit wäre“, so KAPLAN [36], „also die Urzeugung von Leben einfachster Art im Labor schon vielfach geschehen“. Auch bei Hans KUHN finden wir den Satz: „Leben begann mit dem ersten Strang, der sich selbst replizieren und mutieren konnte und dadurch der Selektion unterworfen war“ [38]. Mit einem solchen Lebensbegriff kommt man wieder ganz in die Nähe von Auffassungen, wie sie Ende des vergangenen Jahrhunderts bereits hinsichtlich der „Lebendigkeit“ von Enzymen diskutiert wurden.

Es gelingt heute, komplizierte biochemische Prozesse „im Reagenzglas" außerhalb des Organismus ablaufen zu lassen. KORNBERG und seinen Mitarbeitern gelang 1956 erstmalig eine In-vitro-Synthese von DNA, die allerdings noch nicht als Muster für eine neue DNA-Verdoppelung verwendet werden konnte [39]. Die für das „Kornberg-Experiment" und vergleichbare Synthesen notwendigen Reaktionspartner sind: DNA als Muster für die Replikation, die „energiereichen" Triphosphate der vier Nukleoside C, G, A und T als Bausteine, Enzyme für die Verknüpfung der Nukleotide zu Polynukleotiden sowie Mg^{2+}. Die erste In-vitro-Synthese einer replikationsaktiven Nukleinsäure gelang HARUNA und SPIEGELMAN 1965 mit der RNA des *E. coli*-Phagen Qβ, die nur aus $3 \cdot 10^3$ Nukleotiden besteht. Man hat damit allerdings noch kein „Leben im Reagenzglas erzeugt". „Die großartige Symphonie der belebten Natur", schrieb Jacques MONOD, „kann von uns Dilettanten nicht so einfach zum Klingen gebracht werden" [40]. Wir sind heute froh, um einen Vergleich von Manfred EIGEN zu benutzen, wenn wir „das eine oder andere Instrument mitzuspielen" [41] gelernt haben ...

Man kann die in einem solchen In-vitro-Replikationssystem von RNA-Phagen ablaufenden exergonischen biochemischen Prozesse der Angliederung von Nukleotiden unter Abspaltung von Pyrophosphat aus den Nukleosid-Triphosphaten noch nicht als Stoffwechsel, auch nicht als „einfachen" Stoffwechsel bezeichnen, da ihnen die anabole Komponente des Stoffwechsels und damit auch ein Energiestoffwechsel völlig fehlen. Stoffwechsel ist mehr als der Ablauf biochemischer Reaktionen. Er besteht aus einer geordneten Verknüpfung von anabolen und katabolen Prozessen zu einer Einheit mit selbstregulatorischen, sich selbst erhaltenden Eigenschaften. Ein solches In-vitro-System ist darüber hinaus auch in seiner Evolutionsfähigkeit sehr begrenzt, da sich die Mutationen nur auf die Struktur und Eigenschaften der Nukleinsäuren selbst auswirken können, nicht aber auf ein von den Nukleinsäuremolekülen codiertes Protein, das wegen des Fehlens eines Übersetzungsapparates ja gar nicht gebildet wird. Das trifft auch für die Replikase zu. Ein solches „Genleben" (Genobiosis) besitzt im Gegensatz zum „Volleben" (Holobiosis) noch keinen Phänotyp. Die Konsequenz ist, daß nur die Nukleinsäuremoleküle miteinander konkurrierende und evolvierende Einheiten sind. Die „Evolution" geht in Richtung auf schnellere Replikation, wodurch kürzere Moleküle begünstigt werden bis zu einer Länge, die gerade noch zur Anlagerung der Replikase ausreicht. Das konnte auch im Experiment bestätigt werden [41a]. Nach längerer In-vitro-Vermehrung konnte eine Variante V-1 isoliert werden, die sich 15mal schneller als die normale Qβ-RNA replizierte, aber nur noch 17% des Gesamtgenoms enthielt. Sie besaß nicht mehr alle zur Synthese eines Virus notwendigen Informationen. Eine weitere Variante V-2 zeigte eine noch kürzere Verdoppelungszeit, die nur noch 0,4 Minuten betrug [39].

Tabelle 1

Chemische Zusammensetzung sich schnell teilender *Escherichia coli*-Zellen (nach WATSON 1970)

Verbindung	durchschnittliche relative Molekülmasse	angenäherte Anzahl pro Zelle	Anzahl von verschiedenen Formen
H_2O	18	$4 \cdot 10^{10}$	1
anorganische Ionen (Na^+, K^+, Mg^{2+}, Ca^{2+}, Fe^{2+}, Cl^-, PO_4^{3-}, CO_3^{2-} etc.)	40	$2{,}5 \cdot 10^8$	20
Kohlenhydrate und Präkursoren	150	$2 \cdot 10^8$	200
Aminosäuren und Präkursoren	120	$3 \cdot 10^7$	100
Nukleotide und Präkursoren	300	$1{,}2 \cdot 10^7$	200
Lipide und Präkursoren	750	$2{,}5 \cdot 10^7$	50
andere kleine Moleküle (Häm, Chinone, Abbauprodukte der Nährstoffe usw.)	150	$1{,}5 \cdot 10^7$	200
Proteine	40000	10^6	2000–3000
Nukleinsäuren			
DNA	$2{,}5 \cdot 10^9$	4	1
16s rRNA	500000	$3 \cdot 10^4$	1(?)
23s rRNA	1000000	$3 \cdot 10^4$	1(?)
sRNA	25000	$4 \cdot 10^5$	40
mRNA	1000000	10^3	1000

Ebenso wenig wie eine einzelne chemische Substanz des Protoplasmas bereits lebendig ist, würde die Mischung aller im Plasma vorhandenen Substanzen (Tab. 1) im richtigen Verhältnis zueinander spontan zur Erscheinung des Lebendigen führen. Es trifft nicht den Kern des Problems, wenn Max HARTMANN schreibt, daß die „lebende Substanz eine Mischung oder ein Komplex von Stoffen" darstelle, „auf deren bestimmten Mengenverhältnissen der Lebensprozeß beruht" [58]. In einer solchen Mischung aller im Plasma vorhandenen Substanzen im richtigen Mengenverhältnis zueinander würden eine Zeit lang viele chemische Prozesse in einem „heillosen Durcheinander" ablaufen, bis sie alle miteinander im thermodynamischen Gleichgewicht zur Ruhe kömmen würden. Lebendig wäre ein solches Gemisch zu keinem Zeitpunkt. Dasselbe würde passieren, wenn wir eine Zelle aufbrechen würden und versuchten, den Extrakt durch Beigabe von Nährstoffen, Sauerstoff, Salzen etc. am Leben zu erhalten. In diesem Stoffgemisch würden ebenfalls die katabolen Prozesse überwiegen, weil mit der Zerstörung der Zellstruktur gleichzeitig alle katabolen Prozesse (Proteasen, Nukleasen etc.) ungehemmt ihre zerstörende Aktivität entfalten könnten.

Die Stoffe des Protoplasmas im richtigen Mengenverhältnis zueinander ergeben erst dann ein Lebendiges, wenn sie in einem organisierten Miteinander zu einem dynamischen Ordnungssystem zusammentreten, d. h. wenn sie in wohl aufeinander abgestimmter Weise so miteinander in Wechselbeziehung treten, daß das „Gemisch" sich selbst erhält, wächst und fortpflanzt. Bereits vor 100 Jahren (1879) hat der berühmte französische Physiologe Claude BERNARD das im Gegensatz zu vielen anderen klar erkannt, indem er schrieb: „Die einfachsten Elemente im Lebensprozeß sind physikalischer und chemischer Natur, die Art der Zusammenordnung und des Zusammenwirkens dieser Elemente macht erst das Leben aus" [42].

Leben auf der organismischen ebenso wie auf der zellulären Ebene ist grundsätzlich eine Systemleistung und nicht die Leistung einzelner oder gar eines einzelnen Stoffes. „Was uns als typischer Lebensvorgang entgegentritt, ist das Resultat gleich notwendiger Elemente. Kein einziges von ihnen ist wichtiger oder lebendiger oder toter als das andere. Jeder dieser Teile leistet eine wichtige Teilfunktion und wenn wir irgendeinen von ihnen fortnehmen, erscheint gerade dieser eine uns plötzlich als besonders wichtig, weil er jetzt den ganzen Lebensvorgang verhindert ... Nicht einzelne Teile leben, sondern die besondere Form natürlicher Vorgänge, die wir als Leben im physiologischen Sinne bezeichnen, ist das Resultat des Zusammenwirkens der für sich leblosen Faktoren", schrieb Erwin BÜNNING 1959 [43]. Bereits in dem 1929 erschienenen, ausgezeichneten Lehrbuch „Allgemeine und vergleichende Physiologie der Tiere" des holländischen Physiologen H. J. JORDAN kann man den Satz finden: „Das Leben ist nicht die Eigenschaft eines homogenen Stoffes, sondern die Leistung eines Systems" [44]. Paul WEISS war wohl der erste, der die Bedeutung einer Systemtheorie für die Biologie bereits 1922 in seiner Dissertation klar erkannt hatte. Ludwig VON BERTALANFFY war es aber, der im Rahmen seiner „organismischen Betrachtungsweise" die Grundlagen einer allgemein biologischen Systemtheorie gelegt hat.

Unter einem System verstehen wir generell einen nach bestimmten Gesichtspunkten abgegrenzten (oder auch nur abgegrenzt gedachten) Bereich der objektiven Realität. Das System setzt sich aus Elementen zusammen, die in bestimmter Weise angeordnet und durch bestimmte Relationen miteinander verknüpft sind. Die Art der Anordnung und Verknüpfung der Elemente, die Gesamtheit der Beziehungen zwischen den Elementen, bestimmt die Struktur des Systems. Alles, was mit dem System in Wechselwirkung steht bzw. auf dieses System einwirkt, bezeichnet man als „Umgebung" des Systems. So kann nach BUNGE [45] ein System durch die Dreigliedrigkeit „Aufbau—Umwelt—Struktur" charakterisiert werden. Der Aufbau ist die Reihe der Elemente des

Systems, die Umwelt die Reihe aller „Dinge", die nicht zu den Elementen des Systems gehören, und die Struktur die Reihe aller Relationen zwischen den Elementen des Systems sowie zwischen diesen und den Elementen der Umwelt. Es steht außer Frage, daß dieser allgemeine Systembegriff auch auf die Lebewesen anwendbar ist, wobei wir selbstverständlich einräumen müssen, daß es sich bei den Lebewesen um hochkomplexe Systeme handelt.

Systeme haben Eigenschaften und offenbaren Leistungen, die keinem ihrer einzelnen Elemente zukommen, die erst das Resultat des geordneten Zusammenwirkens der einzelnen Elemente sind. Man bezeichnet sie als „Systemeigenschaften". Sie sind auch nicht die Summe der Einzelleistungen, sondern eine neue Qualität. So kann z. B. mit Hilfe einer automatischen Regelanlage die Temperatur in einem Raum konstant gehalten werden. Diese Leistung des ge-

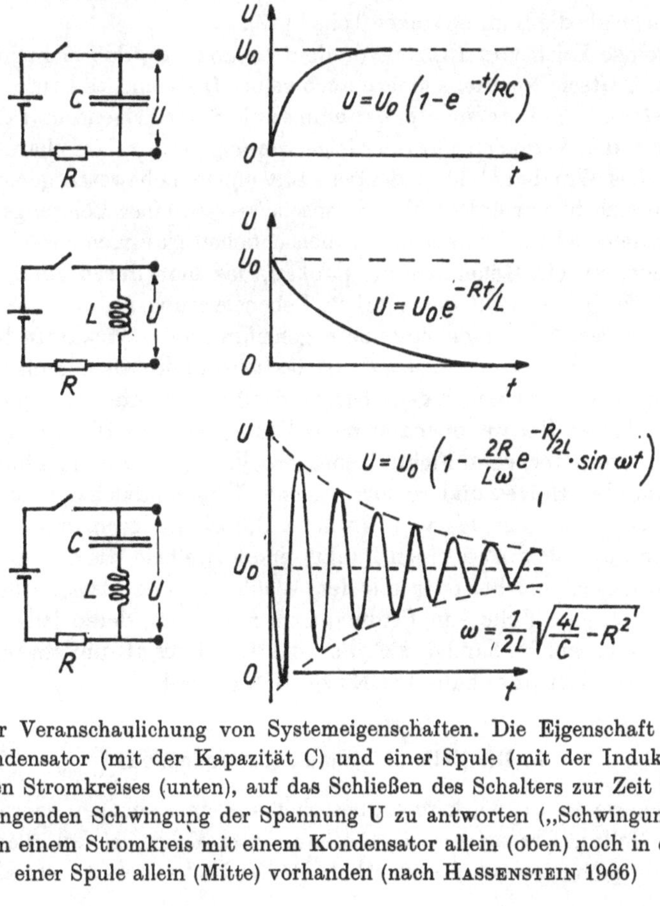

Abb. 1. Zur Veranschaulichung von Systemeigenschaften. Die Eigenschaft eines aus einem Kondensator (mit der Kapazität C) und einer Spule (mit der Induktivität L) bestehenden Stromkreises (unten), auf das Schließen des Schalters zur Zeit t = 0 mit einer abklingenden Schwingung der Spannung U zu antworten („Schwingungskreis"), ist weder in einem Stromkreis mit einem Kondensator allein (oben) noch in einem mit einer Spule allein (Mitte) vorhanden (nach HASSENSTEIN 1966)

samten Systems kommt erst durch das Zusammenwirken der einzelnen Elemente des Systems, wie Temperaturfühler, Relais, Heizung etc., zustande, fehlt aber jedem einzelnen Element bereits im Ansatz. Bernhard HASSENSTEIN führte zur Veranschaulichung von Systemeigenschaften das Beispiel eines aus einem Kondensator und einer Spule bestehenden elektrischen Schwingkreises an [46]. Beide Elemente für sich allein antworten auf eine plötzliche Spannungsänderung mit einem aperiodischen Vorgang. Erst die Verknüpfung beider Elemente zum Schwingkreis und die damit mögliche Zusammenwirkung beider Elemente läßt eine periodische Antwort (Schwingung) auf eine Spannungsänderung auftreten (Abb. 1). Die Geordnetheit, schreibt der sowjetische Biophysiker ENGELHARDT, realisiert sich „durch ein bestimmtes System von Zusammenhängen. Dadurch wird die komplizierte Vielfalt zu einer bestimmten Einheit und ist das Ganze — wie ein Prinzip der materialistischen Dialektik sagt — mehr als die Summe seiner Teile“ [47].

Der Zoologe Erich VON HOLST, von dem bekannt ist, daß er nicht nur hervorragend Bratsche spielte, sondern auch selber Instrumente baute und deren Klang systematisch untersuchte, hat einmal die Systemeigenschaft des Lebendigen durch den Vergleich mit der Geige wie folgt sehr schön charakterisiert: „ Ein solches Wundergebilde hat etwas mit einem Lebewesen gemeinsam, es vereinigen sich hier wie dort alle Eigenschaften zu einer Leistung: hier dem Ton, dort dem Leben. Es liegt in der menschlichen Natur, vor solch scheinbarem Wunder an ein Geheimnis zu glauben, das man durch ein Zauberwort lüften könne. So versucht der Vitalist, Lebensleistungen durch Worte zu erklären, die diese oder jene besondere geheimnisvolle Wirkkraft bezeichnen sollen; und sein Kollege in musica sucht das sogenannte ‚Geheimnis“ der Geige in der oder jener einzelnen Eigenschaft seines Instrumentes, etwa im besonderen Lack, dessen Rezept niemand mehr kennt, oder im Holz, das von einer inzwischen ausgestorbenen Fichte stammen soll, oder in einer rätselhaften Vorbehandlung des Holzes und so fort. Solche Geheimnissucher wird es immer geben, aber sie werden das vermeintliche Rätsel nie lösen, weder hier noch dort; denn nirgends gibt es einen Punkt, eine Einzelheit, die eine Lebensfunktion verständlich macht, oder die den Wohllaut eines Geigentones erklärt. Immer laufen eine Fülle von Bedingungen zusammen, deren jede etwas beiträgt zum Ganzen. Es handelt sich um nichts anderes als um ein feinstes Zusammenspiel vieler physikalischer Einzeleffekte“ [48].

3. Die Zelle als „Elementarorganismus“

Alle Lebewesen, die wir kennen, bestehen aus einer einzigen oder einer Vielzahl von Zellen. Der prinzipielle Aufbau dieser Zellen ist bei aller Formenmannigfaltigkeit erstaunlich einheitlich. Der Vielfalt von weit mehr als 2 Millionen verschiedener, rezenter Pflanzen- und Tierarten auf unserem Planeten stehen nur zwei Organisationstypen der Zelle gegenüber, der Protocyt der Prokaryoten und der Eucyt der Eukaryoten (Abb. 2).

Begeben wir uns von der Zellebene noch einen Schritt weiter hinab auf die Ebene der molekularen Ereignisse im Zellstoffwechsel, so stellen wir eine noch weiter gehende Übereinstimmung im gesamten Reich der Lebewesen fest. Ein ganz wesentliches Ergebnis der Biochemie ist es gewesen, gezeigt zu haben, „daß der chemische Apparat von der Bakterie bis zum Menschen im wesentlichen der gleiche ist — in seiner Struktur wie in seiner Funktionsweise“ [49]. Das betrifft sowohl den chemischen Aufbau aus Proteinen mit etwa 20 verschiedenen Aminosäurebausteinen und aus Nukleinsäuren mit vier verschiedenen Nucleotidbausteinen als auch die wesentlichen Stoffwechselwege. Die „Quasi-Identität der Zellchemie in der gesamten Biosphäre“ [49] gehört zu den grandiosesten Entdeckungen unseres Jahrhunderts.

Die Zellen stellen gleichzeitig die kleinste Struktur- und Funktionseinheit des Lebendigen, einen „Elementarorganismus“ (Brücke 1861), dar. Sie besitzen alle Attribute des Lebendigen, wie einen mit dem Energiewechsel gekoppelten ana- und katabolen Stoffwechsel, Reizbarkeit, Motilität, Wachstum und identische Reproduktion. Auch Zellen aus dem Verband von Mehrzellern haben nach ihrer Isolierung die Fähigkeit, in geeigneten Nährlösungen weiterzuleben und sich zu vermehren. Solche Zellkulturen können wesentlich länger am Leben erhalten werden als die maximale Lebenszeit des Spenders beträgt. Dagegen ist unterhalb der zellulären Ebene kein selbständiges Leben auf die Dauer und besonders keine Selbstvermehrung mehr möglich. Man kann aus größeren Zellen den Kern mikrochirurgisch entfernen oder durch Strahlenstich außer Funktion setzen. Diesen Eingriff überlebt die Zelle, wenn man sie mit einem neuen Kern versieht. Geschieht das nicht, so ist ihre Lebenszeit stark eingeschränkt und die Fähigkeit zur Vermehrung verlorengegangen. Isolierte Zellbestandteile können oft in biochemischer Hinsicht noch erstaunlich viel, aber auch ihnen fehlt die Fähigkeit zur Selbstvermehrung.

Zu einem bestimmten Zeitpunkt muß in der Evolution als entscheidender Schritt beim Übergang vom Unbelebten zum Belebten eine „Individualisierung“ stattgefunden haben. Schelling sagte bereits, das Leben sei „das Streben nach Individuation“. Für alle Lebewesen gibt es eine Begrenzung, die ein Inneres vom Äußeren trennt. Goethe hat das in dichterischer Form sehr schön folgendermaßen zum Ausdruck gebracht: ... „die ganze Lebenstätigkeit verlangt eine Hülle, die gegen das äußere rohe Element sie schütze, ihr zartes Wesen bewahre, damit sie das, was ihrem Innern spezifisch obliegt, vollbringe ... Alles, was zum Leben hervortreten, alles, was lebendig wirken soll, muß eingehüllt sein“ [50]. Wäre nur noch zu ergänzen, daß die Begrenzung eine zweifache Funktion hat: Sie soll das Innere gegen das Äußere abschirmen,

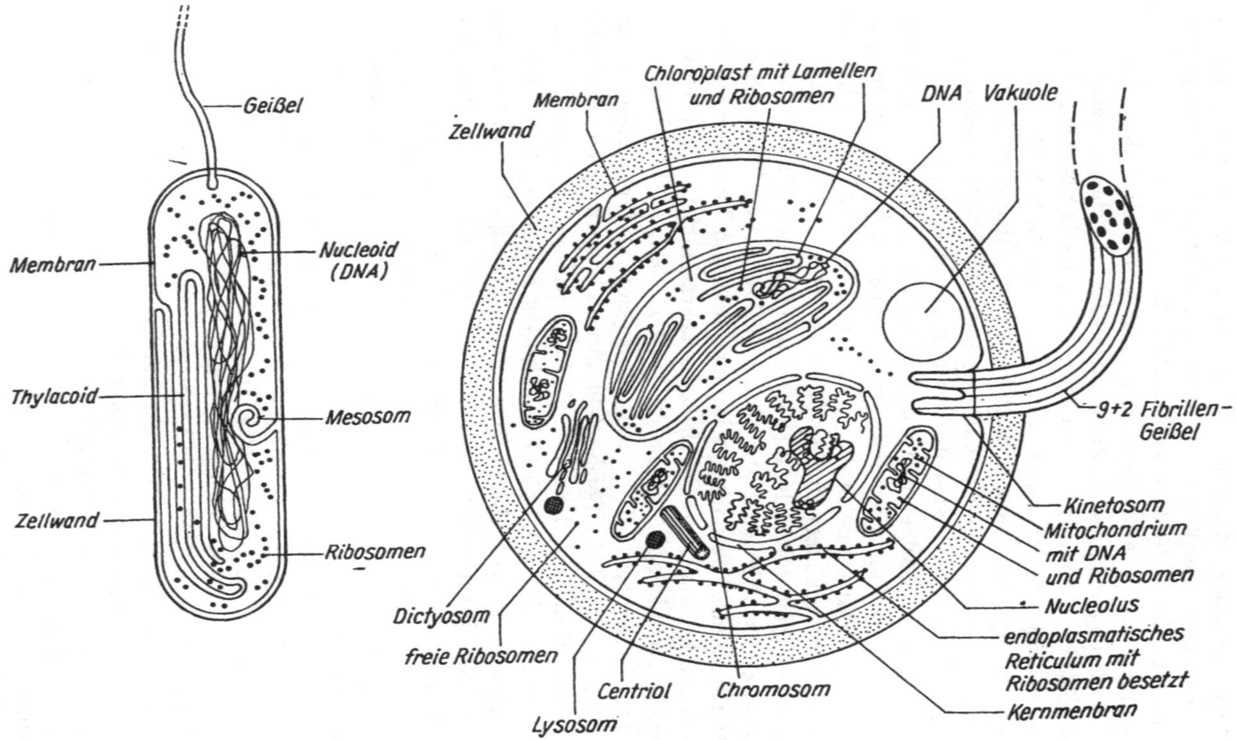

Procyt   Eucyt

Abb. 2. Gegenüberstellung eines stark schematisierten, idealisierten Procyten miteinem Eucyten (aus KAPLAN: Der Ursprung des Lebens, Stuttgart 1972)

um das Innere in seiner stofflichen und dynamischen Spezifik zu bewahren, und sie soll gleichzeitig das Innere gegenüber dem Äußeren offen halten, um den notwendigen Stoff- und Energieaustausch mit der Umgebung zu gewährleisten.

Diese „Individualisierung“ kann durch Abgrenzung und Einschluß von — vielleicht in Form von „Hyperzyklen“ [51] — evolvierenden Gruppierungen von Informations- (Nukleinsäuren) und Aktionsmolekülen (Proteinen) in der sogenannten „Ursuppe“ erfolgt sein. Manfred EIGEN schrieb [52]: „Die Aufgabenteilung Genotypus-Phänotypus kann sich erst im Kompartiment voll entwickeln. Zum Unterschied von homogen verteilten würde ein kompartimentierter Hyperzyklus genotypische Vorteile aufgrund der bevorzugten Nachbarschaftswirkung gegenüber anderen Kompartimenten selektiv ausnutzen können. Das mutierte Kompartiment würde stärker profilieren und somit schließlich auch schneller evolvieren Vollendet wird die Kompartimentierung durch die Individualisierung, einen Zusammenschluß aller den Hyperzyklus repräsentierenden replikativen Einheiten. Erst dieser Vorgang kann als die Geburt der Zelle, der kleinsten uns heute bekannten lebenden Einheit, angesehen werden“. Während wir uns heute bereits ein recht gutes Bild über die Phasen der präbiologischen, chemischen Evolution machen können, sind unsere Vorstellungen über diesen entscheidenden Schritt der Individualisierung noch sehr hypothetisch, unscharf und keineswegs einheitlich.

Mit dem Auftreten der ersten Urzelle in der Ursuppe dürfte die Geburtsstunde des Lebendigen auf unserem Planeten zusammenfallen. Ohne die Ausbildung einer Membran mit selektiver Durchlässigkeit kann es kein lebendiges System, und damit kein Leben geben. Mit dem Aufbau eines Organismus, einer Urzelle um die replikative Struktur herum, so formulierte es Jacques MONOD, „erreicht man die wirkliche ‚Schallmauer‘, denn wir haben keine Vorstellung davon, wie die Struktur einer Urzelle aussehen könnte“ [53]. „Immer noch besteht ein Abgrund zwischen der präbiotischen organischen Chemie und selbst dem einfachsten lebenden Organismus“, schrieb ECCLES [54] und fuhr fort: „Es war eine große Leistung, die präbiotische Chemie aufzubauen in dem Bemühen, diesen Abgrund zu überbrücken, und konzeptionell hat EIGEN mit seinen postulierten Hyperzyklen einen beachtenswerten Schritt nach vorn getan. Aber diese große präbiotische Struktur hat sich kaum eben über den großen Abgrund zur einfachsten Zelle hinüber zu wölben begonnen. Besonders enttäuschend ist, daß auf der biotischen Seite keine Möglichkeit zu bestehen scheint, einfachere lebende Organismen zu konstruieren oder zu entdecken, die dabei helfen könnten, den Bogen zu der präbiotischen Seite hin zu spannen.“

Jeder Organismus — ob Viel- oder Einzeller — muß seinen Ursprung entsprechend dem HAECKELschen biogenetischen Grundgesetz, daß die Keimesgeschichte eine kurze Wiederholung der Stammesgeschichte darstelle, wieder von dem „Elementarorganismus" Zelle nehmen. Carl Theodor Ernst VON SIEBOLD brachte diesen Sachverhalt 1845 auf die bekannte Kurzformel „omne vivum ex ovo". „Auch der größte Vielzeller muß wieder zum Einzeller werden, um sich sexuell fortpflanzen zu können", schrieb Peter SITTE [55].

Die einfachsten und kleinsten einzelligen Lebewesen (Prokaryoten), die wir kennen, sind Angehörige der Mykoplasma-Gruppe. Sie können einen Durchmesser von nur 125 nm aufweisen, sind damit kleiner als die größten Viren, wie z. B. die Vacciniaviren aus der Gruppe der Kuhpockenviren mit einem Durchmesser von 300 nm und einer relativen Molekülmasse von $1,8 \cdot 10^8$. Es handelt sich um Krankheitserreger, harmlose Schmarotzer oder Kontaminanten in Gewebekulturen, die auf geeigneten künstlichen Nährböden sich entwickeln und durch Zweiteilung vermehren können. Sie benötigen Purine, Pyrimidine und Lipide, darunter Steroide. Chinone und Cytochrome fehlen ihnen, sie besitzen eine sehr beschränkte Atmungskette. Ihr Protoplast ist nach außen durch eine etwa 10 nm dicke dreischichtige Membran abgeschlossen. Das ist zugleich ihre einzige Membran. Eine Zellwand fehlt. Ihr Genom (*Myoplasma*, *Ureoplasma*) ist mit einer relativen Teilchenmasse von $0,5 \cdot 10^8$ das kleinste uns bekannte. Es entspricht etwa 1/4 der Genommasse von *Escherichia coli*. Das kleinste bei nicht-parasitisch lebenden Bakterien gefundene Genom hat eine relative Teilchenmasse von $1 \quad 10^9$ (bei dem in selbsterhitzten Kohleabraumhalden lebenden Bakterium *Thermoplasma acidophilum*), ist also bereits um 1,5 Größenordnungen größer. Diese kleinsten Prokaryoten bestehen zu 2/3 aus Wasser und besitzen einen DNA-Doppelstrang mit einer Länge von etwa 250 µm, der zur Codierung von etwa 650 verschiedenen Proteinsorten ausreicht.

Diese interessanten Organismen veranschaulichen uns in eindrucksvoller Weise, was etwa ein Minimalsystem noch an Strukturen und Funktionen besitzen muß, um sich am Leben erhalten zu können. Das sind (zusammengefaßt nach SITTE [55]):

1. Eine DNA-Doppelhelix zur Gewährleistung der genetischen Identität
2. RNA in mindestens 3 verschiedenen Formen vermittelt in Realisierung der genetischen Information die Bildung
3. spezifischer Proteine, darunter
4. verschiedene Enzyme, die einen Bau- und Betriebsstoffwechsel ermöglichen.
5. ATP/ADP für die Energietransformation
6. eine Plasmamembran als Systemabgrenzung und
7. Wasser und Mineralien als Reaktionsmedium für die Stoffwechselprozesse.

4. Dynamik des Lebendigen

Das Leben ist in erster Linie nicht Stoff, sondern Prozeß, Dynamik. Der Begründer der Entwicklungsmechanik, der Hallenser Anatom Wilhelm Roux, schrieb bereits 1915: „In allen lebenden Wesen geschieht etwas, das Leben selber ist Geschehen, es ist Prozeß" [56]. Natürlich muß man sich auch bei dieser im Grunde richtigen Feststellung vor zu einseitigen Auslegungen hüten. Wie bereits betont, hat die für Lebewesen charakteristische Dynamik die Existenz bestimmter Stoffklassen, wie der Proteine und Nukleinsäuren, zur Voraussetzung und ist untrennbar mit ihnen verbunden, weil die Stoffe selbst in die Dynamik einbezogen sind. Wir dürfen deshalb nicht aus dem Auge verlieren, daß die Lebewesen uns in ihrer untrennbaren dialektischen Einheit von Stoff und Prozeß, Struktur und Funktion entgegentreten.

Im thermodynamischen Sinne sind die Lebewesen offene Systeme, was aber bei weitem nicht zu ihrer Charakterisierung ausreicht. Offene Systeme sind auch im Anorganischen nicht selten. Seit Heraklit von Ephesos wird das Leben von Philosophen, Dichtern und Naturwissenschaftlern sehr gerne mit dem offenen System einer Flamme verglichen, ein Vergleich, den auch Haeckel mehrfach zog. In „Die Lebenswunder" schrieb er: „Unter allen Erscheinungen der anorganischen Natur, die man mit dem organischen Lebensprozeß vergleichen kann, ist keine äußerlich ähnlich und so innerlich verwandt, wie die Flamme" [57]. Die Kerzenflamme teilt mit den Organismen die Erscheinung der Aufrechterhaltung eines stationären Nichtgleichgewicht-Zustandes auf der Grundlage eines mit einem Stoffumsatz verbundenen Stoffstromes durch das System. Paraffin und Sauerstoff treten in das System ein, reagieren im Prozeß der Verbrennung miteinander, und die Produkte CO_2 und H_2O verlassen das System wieder (Abb. 3). Man kann das offene System der Flamme als ein „katabolisches" charakterisieren, und hier liegt der grundlegende Unterschied zwischen dem Stoffumsatz in der Flamme und dem Stoffwechsel im Organismus. Die mit dem Paraffin in das System Flamme eintretende Energie wird im katabolischen Prozeß der Paraffinverbrennung in Wärme überführt und verläßt in dieser Form das System wieder.

Charakteristisch für den Stoffwechsel der Organismen ist im Gegensatz zur Kerze die dialektische Einheit von Katabolismus und Anabolismus, d. h., ein möglichst hoher Prozensatz der beim Abbau der Nährstoffe freigesetzten Energie wird nicht in Wärme überführt, sondern wieder chemisch gebunden, um für den Prozeß des Anabolismus, des Aufbaus des Systems und für andere Leistungen zur Verfügung zu stehen. Ein lebendiges System baut sich selbst auf, erhält sich selbst und pflanzt sich selber fort mit Hilfe der im Katabolismus freigesetzten Energie. Dadurch unterscheiden sich die Organismen in ihrer Dynamik grundsätzlich von jeder Maschine, bei denen es nur einen „Betriebsstoffwechsel", aber keinen „Baustoffwechsel" gibt. „Die Lebensvorgänge der Einzelorganismen sind nur möglich", schrieb Max HARTMANN, „durch das ständige Ineinandergreifen der verschiedenen Assimilations- und Dissimilationsprozesse ... Die völlige Aufdeckung der Verknüpfung der so vielfach verschlungenen und sich kreuzenden Kausalketten der Stoffwechselvorgänge wäre auch wohl gleichbedeutend mit der Aufklärung des Lebens überhaupt" [58].

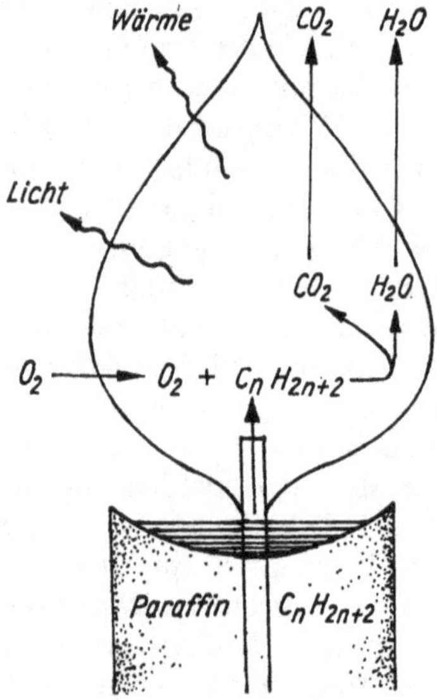

Abb. 3. Die Kerzenflamme als offenes System im Fließgleichgewicht (aus KAPLAN: Der Ursprung des Lebens, Stuttgart 1972, verändert)

Die Lebewesen benötigen auch dann noch Energie, wenn sie keine äußere Arbeit leisten. Die Strukturen der Lebewesen sind bei den Temperaturen ihrer Existenz höchst labil und können nur durch ständigen Energieaufwand aufrechterhalten werden. Demgegenüber stellen die Maschinen stabile Strukturen dar, an und in denen die vom Menschen beabsichtigten Vorgänge nach Inbetriebnahme ablaufen. Sie können zu jeder beliebigen Zeit außer Betrieb gesetzt werden und beliebig lange in Ruhe verharren. Sie leisten dann nichts, benötigen dann aber auch keine Energie zu ihrer Erhaltung. Während des Stillstandes gehen — wenn wir von eventuell auftretenden Rost- und Korrosionsschäden absehen — keine Veränderungen an ihnen vor sich. Sie können zu jeder beliebigen Zeit wieder in Betrieb genommen werden. Wird die Energiezufuhr bei Lebewesen nur kurzfristig unterbunden, so zerfällt das System irreversibel, es stirbt.

Mit dieser Feststellung steht die Erscheinung der „Anabiosis“ und „Kryptobiosis“ keineswegs im Widerspruch. Bekanntlich können Bakterien und Pilzsporen, Samen höherer Pflanzen, Larven bestimmter Insekten, „Wintereier“ einiger Krebse (*Artemia* u. a.) sowie „Trockenstadien“ von Nematoden, Rotatorien und Tardigraden sehr lange Zeitspannen in einem „totähnlichen“ Zustand der „Kryptobiosis“ („latenten Lebens“) überdauern. Rotatorien und Tardigraden ziehen sich vorher zu einer tonnenähnlichen, Nematoden zu einer dichten Spirale zusammen, wobei sie gleichzeitig nahezu alles Wasser verlieren („Anhydrobiosis“). Ihr oxydativer Stoffwechsel — und nicht nur er — ist auf ein Minimum ($< 0{,}5 \cdot 10^{-6}$ µl O_2 pro Stunde bei Tardigraden) reduziert. In diesem Zustand sind die Lebewesen gegen Röntgenstrahlen, hohen bzw. niedrigen Temperaturen und niederen Drucken außerordentlich widerstandsfähig. Rotatorien und Tardigraden überlebten z. B. einen Aufenthalt von einigen Minuten bei 151 °C oder von einigen Tagen bei —200 °C. Nematoden überlebten 48 Stunden bei einem Druck von 4—5 mm Hg.

Während eine Reihe von Organismen (Pflanzensamen, Bakterien- und Pilzsporen, gewisse Krebseier und Insektenlarven) nur auf frühen ontogenetischen Stadien oder als Fortpflanzungskörper zur Anhydrobiosis befähigt sind, sind es andere (Protozoen, Rotatorien, Tardigraden, Nematoden) während des gesamten oder bestimmter Stadien des Lebenszyklus.

Becquerel [59] entzog verschiedenen Organismen, darunter Rotatorien, Tardigraden, Algen, Hefen und Bakterien, das Wasser und kühlte sie anschließend auf 0,05 bis 0,008 K für zwei Stunden ab. Nach vorsichtiger Rückführung der Organismen in normale Bedingungen, waren alle lebendig. Man muß davon ausgehen, daß unter diesen Bedingungen nahe am absoluten Nullpunkt eine Aufrechterhaltung eines noch so minimalen Stoffwechsels nicht mehr möglich ist, es sich also um eine echte „Anabiosis“ handelt. Der Stillstand betrifft aber selbstverständlich die katabolen Prozesse ebenso wie die anabolen, so daß die molekulare Ordnung des Systems nicht irreversibel verändert, sondern vielmehr „eingefroren“ wird. So werden auch die Beobachtungen verständlich, daß verschiedene Bakterien, die vor 200 bis 500 Millionen Jahren in Salz eingeschlossen wurden als der See, in dem sie lebten, austrocknete, in der Gegenwart wieder zur Vermehrung gebracht werden konnten [60].

In Lebewesen kann man im Gegensatz zu allen Maschinen oder unbelebten Mechanismen zwischen Baustoffen und Betriebsstoffen nicht scharf trennen. Lebewesen sind Systeme, die aus ihren Betriebsstoffen nicht nur Energie schöpfen, sondern auch sich selbst aufbauen. Die Lebewesen ähneln — wie Julius Schultz einmal formulierte [61] — „einer aus Heizmaterial konstruierten und dennoch unabhängig arbeitenden Dampfmaschine“. „Die lebende Materie besitzt eine dynamische Struktur“, schreibt der Biophysiker Trintscher, „die bei der Temperatur ihrer thermischen Zerstörung arbeitet“ und folgert weiter: „Man kann keine Maschine schaffen, deren Funktion im Aufbau der eigenen Struktur besteht, die bei der Temperatur der Tätigkeit dieser Maschine thermolabil ist“ [62].

Es ist eine unzutreffende und irreführende Vereinfachung, wenn man von einem zellfreien System, „das aus den wesentlichen Nukleinsäure- und Proteinkomponenten besteht“ und seine Bestandteile „in vitro“ zu reproduzieren vermag, falls es „mit dem notwendigen energiereichen Baumaterial versorgt wird“, behauptet, es zeige „alle wesentlichen Funktionen der lebenden Zelle“ [63], die zuvor als Metabolismus, Selbstreproduktion und Mutagenität definiert worden waren. Dieses System steht in seinem „Metabolismus“ einer Kerzenflamme näher als einer lebenden Zelle. Hier wie dort beschränkt sich der Stoffumsatz auf die Synthese weniger Schlüsselkomponenten aus „Nährstoffen“, die in aktivierter, energiereicher Form vorliegen müssen. Ein „Energiestoffwechsel“ fehlt ebenso wie eine Individualität des Systems, und damit auch eine Fortpflanzung. Solche Reaktionssysteme bereits als lebendig zu bezeichnen suggeriert die Auffassung, daß wir uns mit ihnen bereits in der Nähe von Systemen befinden, die wir aus unserer Umwelt kennen und auf Grund ihrer Leistungen und Merkmale als lebendig bezeichnen. Das Gegenteil ist aber der Fall.

Von den drei Eigenschaften lebendiger Systeme: Metabolismus, Selbstreproduktion und Mutagenität kommt dem Metabolismus ohne Zweifel das Primat zu. Er ist die Grundlage für die Existenz des Systems wie auch für deren Reproduktion. Ohne Metabolismus ist die Existenz eines Organismus nicht denkbar. Das Leben ist in erster Linie Prozeß, Dynamik, die sich in und an Strukturen abspielt, die selbst nur in ihrer Dynamik Bestand haben. Leben existiert nur in der Einheit von Bewegung und Ruhe, von Prozeß und Struktur, von Veränderlichkeit und Konstanz. „Wenn wir das materielle Wesen der Lebenserscheinungen mit dem unaufhörlich vor sich gehenden Stoffwechsel verbinden, geben wir den chemischen Prozessen den Vorrang in der Charakteristik des materiellen Wesens des Lebens. Ein solches Primat der chemischen Prozesse“, schreibt ENGELHARDT [64], „ist völlig gerechtfertigt, weil eben die ununterbrochene Selbsterneurung des Lebendigen und dessen Unterstützung durch die innere Organisation der vor sich gehenden Reaktionen des chemischen Austausches das Charakteristischste und auffallend Spezifische ist im Unterschied zu den Erscheinungen der unbelebten Natur.“

Andererseits würden Lebewesen nicht sterben, wenn ihre Mutationsrate auf null absinken würde. Mutagenität ist zwar die Voraussetzung für das „Über“-Leben in der Evolution, aber nicht für die Existenz eines Lebewesens schlechthin, solange die Bedingungen der Umwelt sich nicht ändern. Sie ist keine notwendige Bedingung für das Leben, sondern — im Gegenteil — ein Risikofaktor, dem die Welt der Lebewesen allerdings ihre stammesgeschichtliche Entwicklung verdankt. MONOD stellt in diesem Zusammenhang fest [65], „daß alle Eigenschaften der Lebewesen auf einen grundlegenden Mechanismus der molekularen Erhaltung beruhen. Für die moderne Theorie ist die Evolution keineswegs eine Eigenschaft der Lebewesen, da sie ihre Ursache gerade in den

Unvollkommenheiten des Erhaltungsmechanismus hat, der allerdings ihren einzigen Vorzug darstellt".

Wir kennen Beispiele überraschender Konstanz von Arten über Jahrmillionen unserer Erdgeschichte hinweg. Bekannt sind in dieser Hinsicht die Ameisen. Man findet Vertreter von ihnen im Bernstein der Ostsee, der das fossile Harz von Koniferen darstellt, die vor 35 Millionen, nach neueren Ergebnissen vor 50 Millionen Jahren das heute nicht mehr existierende Festland besiedelten. Diese außerordentlich gut erhaltenen Vertreter unterscheiden sich in keinem wesentlichen Merkmal von den heute lebenden Ameisengattungen. Interessant sind in diesem Zusammenhang auch die sogenannten „lebenden Fossilien". Der heute lebende Armfüßer (Brachiopode) *Lingula* unterscheidet sich kaum von seinen Vorfahren, die vor 400 Millionen Jahren lebten. Eine 200 Millionen Jahre alte Auster würde uns, serviert in einem Restaurant, durchaus vertraut vorkommen, meinte der englische Evolutionsbiologe G. G. SIMPSON [66]. Der australische Lungenfisch *Neoceratodus forsteri* ist nahezu identisch mit der im Untertrias vor mehr als 150 Millionen Jahren lebenden Form *Ceratodus*. Der erst am 22. Dezember 1938 in 75 Meter Tiefe bei East London, Südafrika, entdeckte Quastenflosser *Latimeria chalumnae* hat seine nächsten Verwandten in 70 Millionen Jahre alten Fossilien. Schließlich sei an den Gingko erinnert, der uns nur dadurch erhalten blieb, weil er in chinesischen Tempelhöfen als heiliger Baum gehalten wurde. Er ist der einzige Überlebende einer im Jura und in der Kreide weltweit verbreiteten Gattung.

Kehren wir zum Stoffwechsel zurück. Den Metabolismus in seiner dialektischen Einheit von Anabolismus und Katabolismus als wichtigstes Kriterium lebendiger Systeme erkannt zu haben, ist keine neue Erkenntnis. Bereits bei Johannes MÜLLER finden wir den Satz: „Solange ein Organismus lebt, befindet er sich in ständiger Zersetzung, und die aufgezehrte Materie wird immer wieder durch neue ersetzt". Ähnlich formulierte es der große Franzose Claude BERNARD: „Das organische Gebäude", so schrieb er, „ist ein Ort ständiger Bewegung, in dem sich auch kein einziger Teil in Ruhe befindet, ... Diese molekulare Erneuerung ist unsichtbar, weil wir jedoch ihren Anfang und ihr Ende sehen, nämlich den Eintritt und den Austritt der Stoffe, so können wir auch über die Zwischenphasen urteilen und uns den Fluß der Materie vorstellen, der den Organismus ständig durchströmt. Die Allgemeinheit dieser Erscheinung bei Pflanzen und Tieren und in allen ihren Teilen, ihre kein Aufhören duldende Konstanz machen sie zu dem gemeinsamen Merkmal des Lebens, dessen sich viele Physiologen bei ihren Definitionen des Lebens auch bedienen" [67]. Herbert SPENCER sprach von „jener unaufhörlich tätigen Veränderung der Materie", die die „erste Bedingung des Lebens" darstelle [68]. Ebenfalls Friedrich ENGELS machte sich diese Erkenntnis zu eigen, indem er im „Anti-Dühring" schrieb, daß die Daseinsweise der lebenden Materie „wesentlich in der beständigen Selbsterneuerung der chemischen Bestandteile" bestehe [69]. Thomas MANN setzte diesen Sachverhalt in seinem „Zauberberg" in sehr schöner Weise dichterisch um, indem er von dem Protoplasma als „der zwischen Aufbau und Zersetzung in sonderbarer Seinsschwebe sich erhaltenden empfindlichen Substanz“ [70] sprach.

Wilhelm OSTWALD hebt 1908 in seinem „Grundriß der Naturphilosophie“ als erstes und wichtigstes Merkmal der Lebewesen hervor, daß sie keine stabilen, sondern „stationäre Gebilde“ seien, deren Material, aus dem sie bestehen, „dauernd nachgeliefert werden müsse“ [71]. Es ist das Verdienst Ludwig VON BERTALANFFYS, nicht bei dieser Feststellung stehen geblieben zu sein, sondern mit allem Nachdruck von dieser Grundkonzeption ausgehend auf die Konsequenzen aufmerksam gemacht zu haben. Den durch Reaktionsabläufe in offenen Systemen auftretenden stationären Nichtgleichgewichtszustand bezeichnete er 1942 als „Fließgleichgewicht“. Einen Organismus kennzeichnete er als „offenes System in einem (quasi-)stationären Zustand, das sich in seinen Massenbeziehungen konstant erhält bei fortwährendem Wechsel der es aufbauenden Stoffe und Energien, und in welches fortwährend Bestandteile von außen ein- und aus dem fortwährend andere austreten“ [72].

Sowohl im stationären Nichtgleichgewichtszustand („Fließgleichgewicht“), wie er z. B. im Organismus herrscht, als auch beim echten thermodynamischen Gleichgewicht zeigen alle intensiven Zustandsvariablen des Systems (Konzentrationen, chemische Potentiale, Temperatur, Druck, Dichte usw.) zeitunabhängige, feste Werte. Das heißt: alle Ableitungen der Größen nach der Zeit sind null. Gleichgewichts- und stationäre Nichtgleichgewichtszustände kann man sofort unterscheiden, wenn man das betreffende System von allen Einwirkungen aus der Umwelt abschirmt, d. h. bei zeitlich konstanten äußeren Kraftfeldern isoliert. Dann laufen im System keine Prozesse ab, wenn es sich vorher bereits im Gleichgewicht befunden hatte. Demgegenüber laufen in Systemen im stationären Zustand nach der Isolierung noch Prozesse ab, bis auch diese im thermodynamischen Gleichgewicht zur Ruhe kommen. Mit anderen Worten: Beim stationären Zustand werden die zeitunabhängigen Werte seiner intensiven Zustandsvariablen durch Umwelteinflüsse aufrechterhalten, beim Gleichgewicht werden sie durch innere Ursachen bestimmt. Daraus geht weiter hervor, daß stationäre Zustände nur in offenen Systemen, Gleichgewichtszustände dagegen in allen Systemen vorkommen können. Bestimmte, sehr schnell verlaufende chemische Reaktionen erreichen auch im Organismus den durch das Massenwirkungsgesetz von GULDBERG und WAAGE (1867) beschriebenen thermodynamischen Gleichgewichtszustand, die meisten Reaktionen verlaufen jedoch dafür zu langsam. Ihre „stationären“ Konzentrationen (Tab. 2) entsprechen nicht den Gleichgewichtsbedingungen, sondern erhalten sich nur im Fluß der Stoffe. Unterbindet man den Nachschub von Substanzen, d. h. isoliert man das offene System Organismus, so tritt der Tod ein und die Ungleichgewichte verschwinden mehr oder weniger schnell unter Abnahme freier Enthalpie (exergonisch).

Erst in unserer Zeit wurde es durch die Methode der radioaktiven Markierung von Metaboliten möglich, den tatsächlichen „Wechsel“ der Stoffe im Organismus quantitativ zu verfolgen, anzugeben, wie schnell der Einbau in die körper-

Tabelle 2

Stationäre Konzentrationen einiger Zwischenprodukte der Glykolyse in Ehrlich-Ascites-Tumorzellen bei pH 7 und 22 °C. Die Umsatzzeiten bezeichnen diejenige Zeitspanne, in welcher der gesamte Bestand des betreffenden Stoffes einmal umgesetzt ist. Nach HESS 1963

Zwischenprodukt	stationäre Konzentration Mol/g Frischgewicht	Umsatzzeit [s]
Glucose-6-phosphat	2,1	8,5
Fructose-6-phosphat	0,48	1,7
Fructose-1,6-diphosphat	2,42	8,7
Glycerin-1-phosphat	1,63	3,0
1,3-Diphosphoglycerat	0,08	1,0
Phosphoenolpyruvat	0,39	0,7

eigene Substanz erfolgt und wann die Substanzen wieder ausgeschieden werden. RITTENBERG schätzte bereits 1948 ein: „Die Entdeckung und Beschreibung des dynamischen Zustandes der lebenden Zellen ist der wichtigste Beitrag, den die Isotopentechnik auf dem Gebiete der Biologie und Medizin erbracht hat ... Die proteolytischen und hydrolytischen Fermente sind ununterbrochen tätig, Eiweißstoffe, Kohlenhydrate und Lipide mit hoher Geschwindigkeit abzubauen. Eine Abnutzung der Zellstruktur wird fortwährend kompensiert durch eine Gruppe synthetischer Reaktionen, welche die degradierten Strukturen wieder aufbauen. Die erwachsene Zelle erhält sich in einem steady state nicht infolge der Abwesenheit abbauender Reaktionen, sondern weil die synthetischen und abbauenden Reaktionen mit gleicher Geschwindigkeit ablaufen. Das Ergebnis scheint die Abwesenheit von Reaktionen im normalen Zustand zu sein, die Annäherung an das Gleichgewicht ist ein Zeichen des Todes“ [73].

Als Maß des Umsatzes (englisch: turnover) dient die biologische Halbwertzeit (HWZ). Das ist diejenige Zeitspanne, in der die Hälfte einer betrachteten Substanzmenge im Tierkörper oder in einem Organ bereits durch neue Moleküle ersetzt worden ist. Unter der Voraussetzung, daß die pro Zeiteinheit durch neue Moleküle ersetzte Menge markierter Teilchen der noch vorhandenen Menge N proportional ist, gilt

$$-\frac{dN}{dt} = \mu N \qquad \text{oder} \qquad N_t = N_0 \cdot e^{\mu t}$$

N_0 ist die Anfangsmenge und N_t die Menge zum Zeitpunkt t des eingebauten markierten Stoffes im Tier oder Organ. μ ist die biologische Ausscheidungskonstante (Umsatzgeschwindigkeit = turnover rate im stationären Zustand). Sie ist gleich $1/\tau$, wobei τ als mittlere biologische Verweildauer (Umsatzzeit = turnover time im stationären Zustand) bezeichnet wird. Die biologische Halbwertzeit errechnet sich dann wegen

$$\frac{1}{2} N_0 = N_0 \cdot e^{-\mu(\mathrm{HWZ})} \quad \text{zu}$$

$$\mathrm{HWZ} = \frac{\ln 2}{\mu} = \ln 2 \cdot \tau = 0{,}6931 \cdot \tau .$$

Einige Halbwertzeiten von Körpersubstanzen und mittlere Lebensdauern von Zellen der Ratte sind in der Tabelle 2 beispielhaft zusammengefaßt. Die ständige Erneuerung kann sich sowohl auf zellulärer als auch auf molekularer Ebene abspielen. Die Geschwindigkeit, mit der die Erneuerung abläuft, erwies sich als wesentlich höher als man es vermutet hatte.

Tabelle 3

Mittlere Lebensdauer von Zellen verschiedener Organe und biologische Halbwertszeiten (HWZ) verschiedener Körpersubstanzen bei der Ratte (aus: PENZLIN, H.: Lehrbuch der Tierphysiologie, 3. Aufl., Jena 1980)

Zelltyp	Lebensdauer (Tage)	Substanz	HWZ
Epithel des Duodenum	0,7	Blutzucker	19 min
Drüsen- und Becherzellen des Duodenum	1,6	Leberglykogen	20—24 Std.
		Leber, gesättigte Fettsäuren	20—24 Std.
Epithel des Ileum bzw. Jejunum	1,4	Leber, ungesättigte Fettsäuren	40—50 Std.
		Muskelglykogen	3—4 Tage
Tracheaepithel	47,6	Depotfett	16—20 Tage
Granulozyten	0,04	Eiweiß-N (gesamt)	17 Tage
Lymphozyten	0,3	Eiweiß-N (Blutplasma, Leber)	5—6 Tage
Erythrozyten	50,0	Eiweiß-N (Haut, Muskulatur)	21 Tage

Während eines Lebens werden die 10^5 Makromoleküle jeder unserer Hirnzellen etwa 10^4mal erneuert, d. h., jede einzelne Zelle „benutzt" im Verlaufe des Lebens 10^9 Makromoleküle [74]. „Aber trotz dieses unaufhörlichen Wechsels von Details in dieser riesigen Population von Elementen haben unsere grundsätzlichen Verhaltensweisen, unsere Erinnerungen, unser Gefühl für unsere integrale, individuelle Existenz ihre strukturelle Kontinuität beibehalten"

[75]. „Leben“, sagt Herbert SCHRIEFERS, „das ist der Kontrast zwischen den möglichen Freiheitsgraden von Trillionen von Molekülen auf der einen Seite und der Aufrechterhaltung eines unveränderlichen Musters von Funktionen, Gedanken, Ideen, Erinnerungen“ [74]. Man wird an die Worte SCHILLERS [76] erinnert:

Und ob alles in ewigem Wechsel kreist,
Es beharret im Wechsel ein ruhiger Geist.

Wir erkennen das Lebewesen als ein im höchsten Grade dynamisches System, in dem ständig nebeneinander und in gegenseitiger Abhängigkeit zahlreiche chemische Reaktionen ablaufen, und zwar so aufeinander abgestimmt, daß alle Prozesse zusammengenommen die Selbsterhaltung des Systems mit seinen verschiedenen „Lebensäußerungen“ gewährleisten. Zu der Dynamik muß ein hoher Grad an Organisation treten, um das Lebendigsein der Systeme aufrechtzuerhalten. Ludwig VON BERTALANFFY hat einmal gesagt: „Das Problem des Lebens ist das Problem der Organisation“ [77], womit er zweifellos recht hatte. Auch diese Erkenntnis ist gar nicht so neu, sie setzte sich nur sehr langsam durch. Bereits bei PFEFFER Ende des vergangenen Jahrhunderts finden wir die interessante Bemerkung, „daß selbst die beste chemische Kenntnis der im Protoplasma vorkommenden Körper für sich allein ebenso wenig zur Erklärung und zur Erkenntnis der vitalen Vorgänge ausreiche, wie die vollendetste chemische Kenntnis von Kohle und Eisen zum Verständnis einer Dampfmaschine“ [78].

Ludwig von BERTALANFFY konnte an einem sehr einfachen kinetischen Modell [79] zeigen, daß gewisse Erscheinungen der Selbstregulation, wie man sie aus dem Stoffwechsel der Lebewesen kennt, bereits aus der Kinetik offener Systeme folgen und allgemeine Eigenschaften solcher Systeme sind. So hängt z. B. das Konzentrationsverhältnis der einzelnen Reaktionsteilnehmer zueinander im System im stationären Zustand nur von den systemimmanenten Parametern ab, es wird also „selbstregulatorisch“ bei sich ändernder Größe des Stoffeinstroms konstant gehalten. Bei Auftreten einer Störung, z. B. Änderung der Abbaurate im System, stellt sich ein neuer stationärer Zustand ein. Nach Beendigung der Störung kehrt das System „von alleine“ zum ursprünglichen Zustand zurück. Es konnte weiter gezeigt werden, daß die offenen Systeme auch bereits das von organischen Systemen bekannte „äquifinale Verhalten“ besitzen. Damit ist gemeint, daß der Endzustand eines Systems, sein stationärer Zustand, unabhängig von den Anfangsbedingungen ist, also auf verschiedenen Wegen erreicht werden kann. Das ist besonders interessant, weil Hans DRIESCH seinen ersten sogenannten „Vitalismusbeweis“ auf der Äquifinalität der Keimesentwicklung (regulative Entwicklung) aufbaute.

5. Ordnung des Lebendigen

Alle Lebewesen weisen eine für uns absolut „nicht vorstellbare Komplexität“ (M. EIGEN) auf und sind durch einen hohen Grad an Ordnung gekennzeichnet, sowohl einer räumlichen als auch zeitlichen, einer strukturellen als auch funktionellen. Herbert SPENCER definierte das Leben einmal als „die Koordination von Vorgängen“ [80], und Erwin SCHRÖDINGER schrieb in seinem bekannten Buch „What's Life“: „Der Ablauf der Lebensvorgänge in einem Organismus zeigt eine bewundernswerte Regelmäßigkeit und Ordnung, die in der unbelebten Materie nicht ihresgleichen findet“ [81].

Man nennt solche Systeme mit einem hohen Ordnungsgrad auch „organisierte Systeme“. Von der Mehrzahl der Wissenschaftler, die sich mit der Charakterisierung der lebendigen Systeme beschäftigt haben, wird mit Recht immer wieder dieser hohe Grad an innerer Ordnung, an Organisiertheit hervorgehoben. Der sowjetische Molekularbiologe Wladimir ENGELHARDT geht von der vom dialektischen Materialismus erarbeiteten Definition des Lebens als einer gegenüber der physikalischen und chemischen höheren und „besonderen Daseinsform der Materie“ aus und fragt sich, worin die höhere Qualität der Daseinsform bestehe. Er schreibt [82]: „Das Leben übertrifft die qualitativ niedrigeren Daseinsformen der Materie in verschiedener Hinsicht, vor allem in Hinsicht auf die Zusammensetzung und den Bau der Objekte, auf die Vielfalt der lebenden Komponenten und die Kompliziertheit der für sie spezifischen chemischen Verbindungen. Dasselbe gilt auch für die Dynamik, das heißt für Vielfalt und Tempo stofflicher Umwandlungen“. Und er fährt fort: „Wie wichtig die aufgeführten Merkmale auch sein mögen, weit größere Bedeutung hat das Prinzip der Geordnetheit als entscheidende Qualität allen Lebens“. Im Hinblick auf die physiologischen Abläufe schätzte Erwin BÜNNING ein [43]: „Die Darstellung jedes einzelnen dieser Vorgänge würde demonstrieren, daß er aus einem schier unglaublich verwickelten harmonischen Ineinanderwirken zahlreicher Teilvorgänge besteht“.

In einer einzigen Zelle laufen ständig eine Vielzahl biochemischer Reaktionen gleichzeitig auf kleinstem Raum ab, von denen jede einzelne von einem spezifischen Enzym katalysiert und gesteuert wird. Man schätzt, daß es in jeder Zelle etwa 4000–5000 verschiedene funktionelle Eiweißkörper als Enzyme, Transportproteine und Rezeptorproteine gibt [83]. „Ohne Enzyme würde bei der Temperatur des Organismus und der Wasserstoffionenkonzentration kaum eine chemische Reaktion zustande kommen, das Leben in seinen Grundlagen unmöglich sein“ [83].

Die Frage ist: „Wie ist bei einem so ungeheuren Kräftechaos, bei diesem sinnverwirrenden Getriebe unzähliger Reaktionen die Erhaltung der Zelle möglich, der Bestand des Zellkörpers mit all seinen komplizierten und eigenartigen Strukturverhältnissen? Wie vermag diese ungeheure chemische Fabrik aus sich selber heraus bestehen zu bleiben? Wie ist es möglich, daß die ungemein fein differenzierte Labilität von chemischen Kraftspannungen sich immer wieder erneuert, ohne rasch zu zerfallen und in schneller Auflösung einem einfachen stabilen Gleichgewicht zuzueilen, was irreversibel ist? Sehen wir doch auch bei der getöteten Zelle, der natürlichen Tendenz alles sich selbst überlassenen physikalisch-chemischen Geschehens entsprechend, einen außerordentlich raschen Zerfall, einen ungezügelten regellosen Abbau aller Zellbestandteile eintreten, der in kurzer Zeit den Zellkörper völlig zerstört" (Kottje, 1927 [84]).

Die hohe Effizienz, mit der diese Vorgänge in der Summe für die Zelle ablaufen, setzt eine außerordentlich feine und wirkungsvolle Abstimmung aufeinander voraus. Über die Ordnungsprinzipien, welche dieser Abstimmung der Einzelvorgänge zugrunde liegen, sind wir noch sehr unvollkommen unterrichtet. Es ist deshalb nicht so sehr verwunderlich, daß gerade an diesem Punkt immer wieder vitalistische Interpretationsversuche ansetzten. Erst in jüngster Zeit sind uns wesentliche Prinzipien dieser „mikroskopischen Kybernetik" [85] bekannt geworden. Benno Hess nannte drei prinzipielle „Organisationsformen" auf der zellulären Ebene, die „das perfekte Zusammenspiel der unzähligen chemischen Prozesse" ermöglichen [83]:

1. eine räumliche Organisation der Zelle durch Kompartimentierung des zellulären Raums in verschiedene Funktionsbereiche,
2. eine chemische Organisation durch Rückkopplung in Form von Kreisprozessen mit dem Ergebnis eines enzymatischen Netzwerkes höchster Komplexität, in dem Tausende von Enzymen und Enzymaggregaten mit selbststeuernden Eigenschaften den Umsatz koordinieren und
3. eine zeitliche Organisation durch Einstellung dynamischer „Fahrpläne".

Bei der zeitlichen Organisation spielen die „allosterischen" Enzyme eine zentrale Rolle. Sie zeichnen sich gegenüber den „klassischen" Enzymen durch einen sigmoiden Verlauf der Substratbindungskurve aus, der außerdem durch Effektoren (Aktivatoren wie Inhibitoren) noch in Richtung auf niedrigere bzw. höhere Substratkonzentration verschoben werden kann. Das bedeutet, daß die Affinität des Enzyms zu seinem Substrat über mehreren Größenordnungen verstellt und den jeweiligen Bedingungen angepaßt werden kann. Auf das nichtlineare Verhalten der allosterischen Enzyme ist auch die häufig zu beobachtende Erscheinung der Oszillation von Stoffwechselprozessen (z. B. Glykolyse) als direkter Ausdruck der zeitlichen Organisation zurückzuführen (Abb. 4).

Das Resultat ist eine sehr präzise arbeitende „funktionale Organisation", die genau das Gegenteil zu einer Entwicklung zur molekularen Unordnung dar-

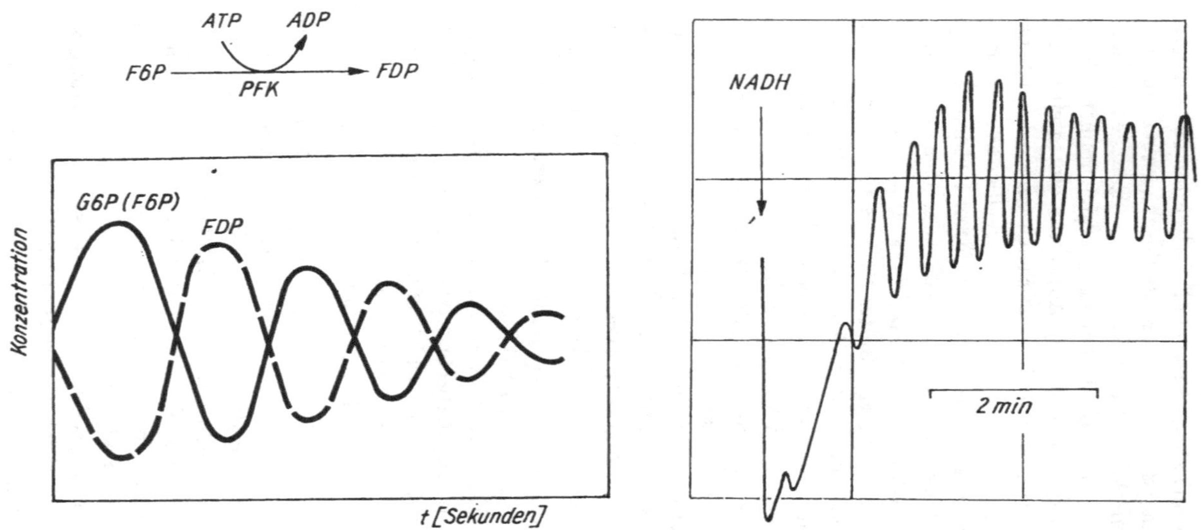

Abb. 4. Oszillationen der Glykolyse bei Hefezellen. — links: Beim Übergang von einem metabolischen Zustand in einen anderen nach Zugabe von Glukose zeigen Glukose-6-phosphat (G6P) und Fruktose-1,6-diphosphat (FDP) gegenläufige periodische Konzentrationsschwankungen. Wenn die Konzentrationen von G6P bzw. Fruktose-6-phosphat (F6P) zunehmen, sinken die von FDP und aller folgenden Glykolyseintermediate ab und umgekehrt. Das „Schlüsselenzym" ist die Phosphofruktokinase (PFK), die die Umwandlung von F6P in FDP katalysiert. — rechts: Periodische Konzentrationsänderungen von reduziertem Pyridinnukleotid (NADH) dargestellt mit Hilfe der Fluoreszenzspektrophotometrie. Zunahme der Konzentration nach unten (links: nach A. Ghosh et al. 1964, aus Heise 1965; rechts: aus Hess 1974)

stellt, wie sie in der Thermodynamik isolierter Systeme beschrieben wird und in der Entropiezunahme ihren quantitativen Ausdruck findet. F. STRECKER resümierte: „Im Unorganischen herrscht der Ausgleich, dem Ruhe folgt; im Organischen fehlt die Ruhe" [86]. SCHRÖDINGER erscheint ein Organismus „deswegen so rätselhaft, weil er sich dem raschen Verfall in einen unbewegten ‚Gleichgewichtszustand' entzieht" [87]. Und OPARIN stellt fest, „daß das Grundgesetz der Physik die Tendenz zur Unordnung, zur Vergrößerung der Entropie ist, das der Biologie dagegen die Zunahme der Organisation und die Verringerung der Entropie" [88].

Dieser Konflikt hat Generationen von Biologen, Physikern und Philosophen stark beschäftigt und wurde in sehr unterschiedlicher Weise zu lösen versucht. Max PLANCK lehnte eine Verwertung der Aussage des zweiten Hauptsatzes „für den Entwicklungsgedanken in der Biologie" als einen „ganz besonders unglücklichen Versuch" ab. Er sagte vor dem Verein Deutscher Ingenieure in Berlin (1933): „Auch der zweite Hauptsatz der Thermodynamik, das Prinzip der Vermehrung der Entropie hat mehrfach Deutungen außerhalb der Physik gefunden. So hat man den Satz, daß der Verlauf aller physikalischen Vorgänge einseitig gerichtet ist, für den Entwicklungsgedanken in der Biologie verwerten wollen. Das ist nun ein ganz besonders unglücklicher Versuch, wenigstens dann, wenn man mit dem Worte Entwicklung den Begriff des Fortschrittes in aufsteigender Richtung, also der Vervollkommnung, Veredelung, verbindet. Denn das Entropieprinzip ist nach seinem Inhalt ein Wahrscheinlichkeitssatz, es besagt im Grund nur, daß auf einen von vornherein unwahrscheinlichen Zustand im Mittel stets ein wahrscheinlicherer Zustand folgt. Will man dieses Gesetz biologisch deuten, so liegt es jedenfalls näher, an eine Degeneration zu denken als an eine Veredelung. Denn das Ungeordnete, Gewöhnliche, Gemeine ist immer von vornherein wahrscheinlicher als das Geordnete, Vorzügliche, Hervorragende" [89]. Auch BOLTZMANN, THOMPSON und HELMHOLTZ räumten durchaus die Möglichkeit ein, daß die Wahrscheinlichkeitsaussage des Entropiegesetzes im Bereich des Lebendigen durchbrochen sein könnte. Noch im Jahre 1968 wurde von J. MEIXNER [90] bezweifelt, daß man die nur durch reversible Prozesse meßbare und definierte Entropie überhaupt auf irreversible Prozesse, bei denen weder der Anfangs- noch der Endzustand Gleichgewichtszustände seien, übertragen darf. Die Entropie sei vielmehr für Nichtgleichgewichtszustände keine eindeutig definierbare Größe mehr. Das Lebendige stellt aber zweifelsfrei einen Nichtgleichgewichtszustand dar, sonst könnte es aus sich heraus keine Arbeit leisten.

Der Aachener Physikochemiker Rolf HAASE kam 1957 dagegen zu dem Schluß, daß die Ausbildung von Strukturen in der Natur gar nicht im Widerspruch zum zweiten Hauptsatz stehe: „Diese Betrachtungen gelten auch für die Strukturbildung in der Welt des Lebendigen, da wir keine Ursache haben, hier eine andere Molekularphysik anzunehmen als in der unbelebten Natur. Der scheinbare Widerspruch zwischen Entropiesatz und Evolution kommt nur durch eine falsche Auslegung der Bedeutung des zweiten Hauptsatzes zustande, die mit dem Problem des Lebens gar nichts zu tun hat: Man hat nur die Bildung geometrischer Formen, aber nicht die energetischen Verhältnisse beachtet" [91].

Zusammenfassend unterscheidet Carl Friedrich von WEIZSÄCKER [92] auf die Frage, „wie denn die Erklärung einer quasi irreversiblen Entwicklungstendenz von Gestalten mit dem zweiten Hauptsatz vereinbar sei, der doch die Zerstörung von Gestalten und das Wachstum der Unordnung behaupte", vier verschiedene Typen von Antworten:

1. „In dem betrachteten Phänomen nimmt die Entropie wirklich ab, und das Phänomen erweist sich damit als nicht dem zweiten Hauptsatz unterworfen".
2. „Auf das betrachtete Phänomen läßt sich der Entropiebegriff und folglich der zweite Hauptsatz nicht oder doch nicht so umfassend anwenden, daß ein Problem entstünde".
3. „In dem betrachteten Phänomen nimmt zwar infolge der Gestaltentwicklung ein Summand der Entropie ab, aber dies wird durch die Zunahme anderer Summanden überkompensiert, so daß der zweite Hauptsatz nie verletzt wird".
4. „In dem betrachteten Phänomen bedeutet die Gestaltentwicklung selbst eine Entropievermehrung, ist insofern also eine direkte Konsequenz des zweiten Hauptsatzes".

Die mit der ersten Antwort bezogene Position zur Entwicklung des Lebens war in Kreisen der Vitalisten sehr verbreitet. So meinte Henri BERGSON aus dem Widerspruch die Konsequenz der Anerkennung des übernatürlichen Wesens des Lebens, welches er als „Kampf gegen die Entropie" definierte, ziehen zu müssen. Der Jenaer Physiker Felix AUERBACH ging in seiner Lehre von der „Ektropie" davon aus, daß das Leben ein „Instrument des Kosmos zum Kampf gegen die Entropie" sei. „Man geht aller Wahrscheinlichkeit nach nicht fehl", so schrieb er [93], „wenn man das Leben geradezu als eine Organisation ansieht, die sich die Natur im Kampfe gegen die Entwertung der Energie geschaffen hat. Ja, es sprechen genügend Gründe dafür, daß die lebendige Substanz imstande ist, selbst so minderwertige Energieformen, wie die laue Wärme wieder der Ausnutzung zuzuführen. Man kann geradezu die Tendenz der lebendigen Substanz, im Gegensatz zur leblosen und entropischen, als spezifisch ektropisch bezeichnen; und es ergibt sich auf diesem Wege wohl zum ersten Male ein ganz allgemeines, von besonderen chemischen und biologischen Vorstellungen unabhängiges Charakteristikum des Lebens".

Die Vertreter der zweiten Antwort räumten mit Recht ein, daß eine quantitative Schätzung der Entropie lebender Systeme sehr schwierig sei. Die dritte Antwort ist die heute herrschende Ansicht. VON WEIZSÄCKER suchte die Lösung des Problems in der vierten Antwort. Sie trifft z. B. auf das Kristallwachstum zu. Seine These ist, „daß dort, wo Gestaltentwicklung tatsächlich vorkommt, bei genauer Definition der zugehörigen Entropie dem Wachstum der Vielzahl und Komplexität der Gestalten ein Wachstum und nicht eine Abnahme desjenigen Summanden der Entropie entspricht, der der Gestaltinformation zugeordnet ist. Der Eindruck eines Konfliktes zwischen Gestaltentwicklung und zweitem Hauptsatz ist, wenn diese These richtig ist, nur die Folge einer im allgemeinen unzutreffenden, aus einigen Beispielen verallgemeinerten Gleichsetzung der Entropie mit einem Maß gestaltenarmer Gleichförmigkeit. Der Wärmetod wäre, hinreichend niedrige Temperatur vorausgesetzt, nicht ein Brei, sondern eine Versammlung von komplizierten Skeletten", schrieb er [92].

Der zweite Hauptsatz wirkt in der Tat unter den Existenzbedingungen „in der Nähe des absoluten Nullpunktes" [87], wie sie mit 300 K auf unserer Erde im Vergleich zu Temperaturen von 4000—7000 K auf der Sonnenoberfläche bzw. gar 17—21 Millionen K im Sonneninneren durchaus herrschen, keineswegs jedem Streben nach Ordnung entgegen. „Die Entstehung von Ordnung und Gleichgewicht", sagt Manfred EIGEN, „ist durchaus konform mit den Forderungen des Entropiesatzes, das heißt einer stets positiven ‚inneren' Entropieerzeugung. Diese geht entweder auf Kosten der in den Wechselwirkungen lokalisierten inneren Energie, oder sie muß durch entsprechende Wärmeflüsse unterhalten werden" [94]. Der „Wärmetod" entspricht keineswegs einem Chaos ohne jegliche Struktur, sondern ist durch die „Erstarrung der Formen im Gleichgewicht" (HAASE) gekennzeichnet.

Die Entropieänderung beliebiger Systeme kann in zwei Anteile unterteilt werden [95]:

1. in die Entropieproduktion d_iS im Inneren des Systems aufgrund dort ablaufender Prozesse und
2. in den Entropiefluß d_eS aufgrund einer Interaktion des Systems mit der Umgebung

$$dS = d_iS + d_eS,$$

d_iS kann nach dem klassischen Entropiesatz niemals negativ werden

$$d_iS \geqq 0 \begin{cases} d_iS = 0 & \text{bei reversiblen Prozessen} \\ d_iS > 0 & \text{bei irreversiblen Prozessen.} \end{cases}$$

Das bedeutet gleichzeitig, daß Entropie auch zu keiner Zeit und an keinem Ort vernichtet werden kann. d_eS kann dagegen sowohl positive als auch negative Werte annehmen. Im Falle des abgeschlossenen Systems ist $d_eS = 0$.

Für den stationären Nichtgleichgewichtszustand eines offenen Systems muß die Ableitung der Entropie zur Zeit verschwinden

$$\frac{dS}{dt} = \frac{d_iS}{dt} + \frac{d_eS}{dt} = 0, \text{ d. h., es gilt: } \frac{d_eS}{dt} = -\frac{d_iS}{dt}.$$

Das ist der mathematische Ausdruck dafür, daß die im Inneren des Systems infolge der dort ablaufenden irreversiblen Prozesse ständig entstehende Entropie durch den Abtransport in die Umgebung gerade wieder kompensiert wird. Die Aussage des klassischen Entropiesatzes, der — wie gesagt — nur für abgeschlossene Systeme gilt, wird nicht verletzt, wenn man das offene System Lebewesen zusammen mit seiner Umgebung betrachtet und sich so wieder ein abgeschlossenes System schafft. Dann nimmt auch dort die Entropie insgesamt zu. Jacques MONOD gibt in seinem viel diskutierten Buch „Zufall und Notwendigkeit" ein sehr schönes Beispiel für diesen Sachverhalt: „Nehmen wir einen Milliliter Wasser, der einige Milligramm eines einfachen Zuckers enthält und Mineralsalze Setzen wir in dieses Milieu ein Bakterium, etwa die Art *Escherichia coli*. Nach einem Zeitraum von 36 Stunden wird die Lösung einige Milliarden Bakterien enthalten. Wir werden feststellen, daß etwa 40% des Zuckers in Zellbestandteile verwandelt worden sind, während der Rest zu CO_2 und H_2O oxydiert wurde. Führt man das ganze Experiment in einem Kalorimeter durch, so kann man die thermodynamische Bilanz des Vorgangs bestimmen und feststellen, daß die Entropie des Gesamtsystems (Bakterien + Milieu) um ein wenig mehr als den vom zweiten Hauptsatz vorgeschriebenen Mindestbetrag zugenommen hat. Während die extrem komplexe Struktur, wie sie eine Bakterienzelle darstellt, nicht nur erhalten worden ist, sondern sich mehrere Milliarden Mal vermehrt hat, ist die thermodynamische ‚Schuld', die durch diesen Vorgang entstand, ordnungsgemäß geregelt worden" [96].

Jeder Organismus ebenso wie jede lebende Zelle desselben ist im thermodynamischen Sinne ein offenes System, in dessen Innerem sich ständig irreversible, d. h. entropieerzeugende Prozesse, insbesondere in Form vieler biochemischer Reaktionen, abspielen. Ein ausgewachsener Organismus befindet sich darüber hinaus — wenn man von gesetzmäßigen rhythmischen Schwankungen absieht — über längere Zeiträume hinweg in einem stationären Nichtgleichgewichtszustand, d. h., neben anderen intensiven Zustandsvariablen bleibt auch die Entropie konstant. Das bedeutet wiederum, daß ein negativer, d. h. aus dem System heraus gerichteter Entropiestrom aufrechterhalten werden muß, der seinem Betrag nach der inneren Entropieproduktion gleich sein muß ($d_eS/dt = -d_iS/dt$, s. o.).

Dieser Entropieexport beruht bei Lebewesen im wesentlichen auf drei Prozessen [97]: 1. der Wärmeabgabe, 2. dem Stoffaustausch mit der Umgebung und 3. der Stoffumwandlung im Innern. Er hängt also unter anderem mit den kleineren Entropiewerten der Nahrungsmittel im Vergleich zu denjenigen der Ausscheidungsprodukte zusammen. In diesem Sinne ist SCHRÖDINGERS Formulierung, daß sich der Organismus von „negativer Entropie" ernährt, „indem er sozusagen einen Strom negativer Entropie zu sich hin zieht, um die Entropieerhöhung, welche er durch sein Leben verursacht, auszugleichen und sich damit auf einer gleichmäßigen und ziemlich tiefen Entropiestufe zu halten" [87], zu verstehen. Der von PASYNSKI [98] erhobene Einwand, daß der tierische Organismus ja im Prozeß der Verdauung bereits eine erhebliche Degradation der hochgeordneten Moleküle vornehme, bevor sie in den Organismus übertreten und man sich auch von Aminosäuren, Monosacchariden und Fetten ernähren könne, widerspricht SCHRÖDINGERS Aussagen nicht prinzipiell. Auch im Hinblick auf die Aminosäuren, Zucker etc. besitzen die vom Organismus wieder ausgeschiedenen Stoffe, wie CO_2, H_2O und NH_3 — wenn man von den sekundären Exkretstoffen, wie Harnsäure, Harnstoff etc. absieht — einen wesentlich niedrigeren Ordnungsgrad als die aufgenommenen. Selbstverständlich ernähren sich die Organismen nicht nur von negativer Entropie, sondern auch von „positiver Energie". Das hat SCHRÖDINGER keineswegs übersehen. Er schreibt [87]: „Energie ist nicht nur notwendig, um die mechanische Energie unserer Körperbetätigung zu ersetzen, sondern auch die Hitze, die wir beständig an die Umgebung abgeben. Und daß wir die Hitze abgeben, ist nicht zufällig, sondern sehr wesentlich. Denn gerade dadurch entledigen wir uns ja der überschüssigen Entropie, die wir bei den physischen Lebensprozessen ständig erzeugen". Bei der Entwicklung eines Kükens in einem Hühnerei wird z. B. eine Wärmemenge von ca. 80 kJ [130] und mit ihr selbstverständlich Entropie an die Umgebung abgegeben. Auch der sich entwickelnde Embryo im Ei ernährt sich von Negentropie, nämlich von der des Dotters [98a]. POPPER irrte, als er seinerzeit schrieb [98b]: „... birds' eggs ..., as far as we know, ‚fed', in SCHRÖDINGER's sense, exclusively on heat (that is, on entropy)".

6. Dissipative und konservative Strukturen

Die Gesamtentropieproduktion P eines thermodynamischen Systems erhält man durch Integration der Entropieproduktionsdichte σ (Entropieproduktion pro Zeit- und Volumeneinheit) über das Systemvolumen V

$$\frac{d_i S}{dt} \equiv P[S] = \int_V \sigma dV$$

Diese Entropieproduktion nimmt „in der riesigen Fabrik der Naturprozesse", wie MEIXNER (1960) in Abwandlung eines Satzes von EMDEN formulierte [99],

„die Stelle eines Direktors ein, denn sie schreibt die Art und den Verlauf des ganzen Geschäftsganges vor. Das Energieprinzip spielt nur die Rolle des Buchhalters, der Soll und Haben ins Gleichgewicht bringt“. Die Entropieproduktionsdichte σ ist ein Ausdruck der im System ablaufenden irreversiblen Prozesse. Sie läßt sich als Summe von Produkten von verallgemeinerten thermodynamischen Kräften X_α (z. B. Temperaturgradient, Gradient der chemischen Potentiale) und ihren korrespondierenden verallgemeinerten Strömen J_α (z. B. Wärmestrom, Diffusionsströme) schreiben [100]

$$\sigma = \sum_{\alpha=1}^{n} J_\alpha X_\alpha .$$

Unter der Voraussetzung, daß

1. die thermodynamischen Ströme J linear von den thermodynamischen Kräften X abhängen

$$J_\alpha = \sum_{\beta=1}^{n} L_{\alpha\beta} X_\beta ,$$

was in Gleichgewichtsnähe mit hinreichender Genauigkeit der Fall ist,

2. die Zeitabhängigkeit der phänomenologischen Koeffizienten $L_{\alpha\beta}$ vernachlässigbar klein ist

$$\frac{\partial L_{\alpha\beta}}{dt} = 0$$

3. die phänomenologischen Koeffizienten den ONSAGERschen Reziprozitätsbeziehungen [101] gehorchen

$$L_{\alpha\beta} = L_{\beta\alpha}$$

4. keine mechanischen Flüsse (Konvektion) auftreten

gilt, daß die Entropieproduktion P des Systems monoton mit der Zeit abnimmt

$$\frac{d}{dt}\left(\frac{d_i S}{dt}\right) = \frac{dP}{dt} \leqq 0$$

bis ein Minimum $dP/dt = 0$ erreicht ist, was dem stationären Zustand entspricht: Minimalprinzip der Entropieproduktion (PRIGOGINE-Theorem) [95]. Gleichzeitig gilt im Falle chemischer Reaktionen nahe am Gleichgewicht, daß die molaren Konzentrationen der Stoffe zeitunabhängig werden

$$\frac{dc_i}{dt} = 0 .$$

Der stationäre Nichtgleichgewichtszustand solcher „linearen“ Systeme hängt von den Randbedingungen, nicht von den Anfangsbedingungen ab (Äquifinalität). Er ist außerdem bei unveränderten Randbedingungen stabil, da jede Störung mit einer Erhöhung der Entropieproduktion verbunden ist. Nach solchen Störungen durch äußere Eingriffe oder nach spontan auftretenden inneren Fluktuationen kehrt das System „von selbst" wieder unter Abnahme der Entropieproduktion zum stationären Ausgangszustand zurück. Auch ein Schwingen um den stabilen stationären Zustand ist bei linearen Systemen ausgeschlossen. Im Gegensatz dazu existiert in nichtlinearen Systemen keine solche Zustandsfunktion, die im stationären Zustand einen Extremwert annimmt. So braucht auch nicht die Entropieproduktion im stationären Zustand einem Minimum zu entsprechen.

Wie betont wurde, gilt das PRIGOGINE-Theorem nur unter ganz bestimmten, einschränkenden Bedingungen. Entgegen früheren Meinungen (STOWARD 1962 u. a.) [102] ist man sich heute im allgemeinen darüber einig, daß das PRIGOGINE-Theorem im Lebewesen eine nur sehr begrenzte Bedeutung hat. Es wäre zunächst verlockend, in dem Theorem der minimalen Entropieproduktion das physikalische Ökonomieprinzip zu sehen, das der Evolution lebender Systeme zugrunde läge. Eine solche Stabilität, wie sie im Theorem zum Ausdruck kommt, ist aber nicht vereinbar mit der Herausbildung neuer Strukturen in dissipativen, d. h. entropieerzeugenden Systemen, zu denen die Lebewesen ohne Zweifel zählen. Die Theorie der Thermodynamik irreversibler Prozesse hat gezeigt, daß im linearen (gleichgewichtsnahen) Bereich die Bildung neuer Strukturen ausgeschlossen ist.

In den letzten Jahren wurden — vornehmlich durch den Physikochemiker Ilya PRIGOGINE und seine Gruppen in Brüssel und Austin/Texas — die thermodynamischen Untersuchungen auf nichtlineare Systeme ausgedehnt. Das wichtigste Ergebnis ist, daß in entropieerzeugenden Systemen unter bestimmten Bedingungen Strukturen nicht nur entstehen können, sondern zwangsläufig entstehen müssen. Auf diesem Sachverhalt hat bekanntlich Manfred EIGEN seine Vorstellungen über die Entstehung lebendiger Systeme aufgebaut [103].

Entfernt man durch Änderung der Randbedingungen ein System aus seiner stabilen thermodynamischen Gleichgewichtslage, so bleibt es zunächst innerhalb des Gültigkeitsbereiches der linearen Ansätze mit konstanten Koeffizienten (s. o.), d. h., die sich einstellenden stationären Zustände sind durch minimale Entropieproduktion charakterisiert und stabil. Bei weiterer Entfernung vom Gleichgewichtszustand durch Abänderung der Randbedingungen können Zustände erreicht werden, wo irreversible Prozesse ablaufen (oder Konvektionen auftreten), die nicht mehr den linearen Ansätzen entsprechen. Dann sind, wie GLANSDORFF und PRIGOGINE zeigen konnten, Instabilitäten möglich, die in einem neuen stationären Zustand einmünden können. Man bezeichnet nach PRIGOGINE Zustände, die vom Zustand des thermodynamischen Gleichgewichtes durch Instabilitäten getrennt sind, als „dissipative Strukturen". Sie können im Gegensatz zu den „Gleichgewichtsstrukturen" nur durch Austausch von Energie und in anderen Fällen auch von Stoffen mit der Umgebung aufrecht erhalten werden. Dissipative Strukturen sind somit „stabile räumliche, zeitliche oder raumzeitliche Strukturen, die sich weitab vom Gleichgewicht jenseits kritischer Parameterwerte im nichtlinearen Bereich ausbilden können" [104].

Nach GLANSDORFF und PRIGOGINE ist ein stationärer Zustand generell — im linearen wie im nichtlinearen Bereich — gegenüber Fluktuationen der Kräfte X_α stabil, falls die hierdurch verursachte Änderung der „Exzeßentropieproduktion"

$$P[\delta S] = \int_V \sum_\alpha \delta J_\alpha \, \delta X_\alpha \, \delta dV \geqq 0 \qquad (t \geqq t_0)$$

positiv ist („Bergaufstörung"). Diese hinreichende Bedingung ist im linearen Bereich immer gegeben (s. o.). In genügender Entfernung vom thermodynamischen Gleichgewicht, im „nichtlinearen" Bereich, können durch Änderung der Randbedingungen jedoch Situationen auftreten, bei denen die durch Fluktuationen der Kräfte bedingten Änderungen der Exzeßentropieproduktion nicht mehr positiv, sondern negativ sind. In dem Falle werden die zunächst lokal begrenzten Fluktuationen nicht mehr gedämpft und breiten sich über das gesamte System aus, das daraufhin einen neuen, stabilen stationären Zustand mit höherer struktureller Ordnung und größerer Energiedissipation, d. h. mit noch größerem Abstand von der Gleichgewichtslage, einnimmt. Die größere Entfernung vom Gleichgewicht begünstigt wiederum „rückwirkend" die Entstehung neuer umweltbedingter Instabilitäten, so daß die „Evolution sich selbst beschleunigt".

In chemischen Reaktionssystemen sind für das Auftreten dissipativer Strukturen folgende notwendige Bedingungen zu nennen: [105] 1. Offenheit des Systems, 2. Zustand fernab vom Gleichgewicht, 3. Auftreten von Nichtlinearitäten der inneren Dynamik durch autokatalytische Prozesse, 4. Kooperativität der Mikroprozesse und 5. Auftreten geeigneter Flukuationen.

Zusammen mit der Ausarbeitung einer Thermodynamik irreversibler Prozesse fernab vom Gleichgewicht haben insbesondere Bifurkations- und Katastrophentheorie, die Theorie der chemischen Kinetik fernab vom Gleichgewicht, die nichtlineare Regeltechnik, Kybernetik und Systemtheorie sowie die Laserphysik und nichtlineare Schwingungsphysik wesentliche Beiträge zu einer allgemeinen Theorie der Selbstorganisation geliefert, deren wichtigste Aussage darin besteht, daß es grundlegende Prinzipien der Selbstorganisation gibt, die gleichermaßen in der Physik, Chemie und Biologie gültig sind.

Alle biologischen Systeme sind offen, sie unterhalten einen ständigen Stoff- und Energieaustausch mit ihrer Umwelt. Sie existieren unter gleichgewichtsfernen Bedingungen und weisen eine nichtlineare Dynamik infolge autokatalytischer Prozesse auf. Die in ihnen ablaufenden biochemischen und physikalischen Prozesse zeigen einen hohen Grad an Kooperativität durch netzartige Verknüpfung untereinander, und ihre Dynamik weist Fluktuationen auf (Abb. 4). Damit sind alle notwendigen Bedingungen für den Aufbau und die Aufrechterhaltung funktioneller und struktureller Ordnung im Lebewesen erfüllt. Es besteht kein Widerspruch zwischen DARWIN und BOLTZMANN, CLAUSIUS und DARWIN haben beide recht.

Die Ergebnisse der Theorie der Selbstorganisation oder der „Synergetik", um einen Begriff Hermann HAKENS zu benutzen, liefert im Gegenteil eine weitere glänzende Bestätigung dafür, daß sich die Einheit der Natur in der Einheit ihrer Gesetze zeigt. Es gibt kein physikalisches Gesetz, das nicht auch im Bereich des Organischen seine Gültigkeit behielte. Es gibt aber Gesetzmäßigkeiten, die nur den komplexen lebendigen Systemen der Lebewesen eigen sind und in der Welt des Anorganischen fehlen.

Eine unbedingte Voraussetzung für die Selbstorganisation der Materie ist der Entropieexport, d. h. das „Abpumpen" der Entropie in die Umgebung aus dem System heraus. Das gilt für die Bildung geordneter Strukturen in der Metagalaxis ebenso wie auf unserem Planeten Erde oder in jedem einzelnen Organismus.

Die Erde „kann als ein gigantisches offenes System angesehen werden, in dem sich seit etwa 4,5 Milliarden Jahren komplizierte Selbstorganisations- und Evolutionsprozesse abgespielt haben", und das „im wesentlichen in den nur wenige Prozent des Erdradius umfassenden Oberflächenschichten ..., die aus festen Gesteinen und Sedimenten, den Gewässern und der Atmosphäre bestehen", schrieb Werner EBELING [97]. Verantwortlicher Motor für diese Prozesse, die „Entropiepumpe" ist — neben den Energievorräten im Erdkern — in erster Linie die kurzwellige Sonnenstrahlung. Die Energie, die durch das „passive System" Erde ständig hindurchgepumpt wird, löst Prozesse aus, die zur Degradation der Energie, d. h. zur Produktion von Entropie führen. Die Erde absorbiert ständig Energie kurzwelliger Strahlen von der Sonne mit einer hohen Strahlungstemperatur und emittiert die gleiche Energiemenge wieder als langwellige Strahlung mit einer niedrigen Strahlungstemperatur in den Weltraum zurück. Diese Energie „verliert sich" schließlich unter weiterer Degradation in der 3K-Hintergrundstrahlung, die das Weltall gleichmäßig ausfüllt und als „Halde des Entropiemülls" (EBELING) bezeichnet werden kann. „Dieser unaufhörliche Entropiestrom nach außen ist die conditio sine qua non der Evolution des Lebens auf unserem Planeten" [106]. Lars Olof BJÖRN drückt das sehr bildlich so aus, „daß der Energiestrom der Sonne sich durch die lebende Welt ergieße und die Unordnung, die dort entsteht, in den Weltraum hinausschwemme" [107].

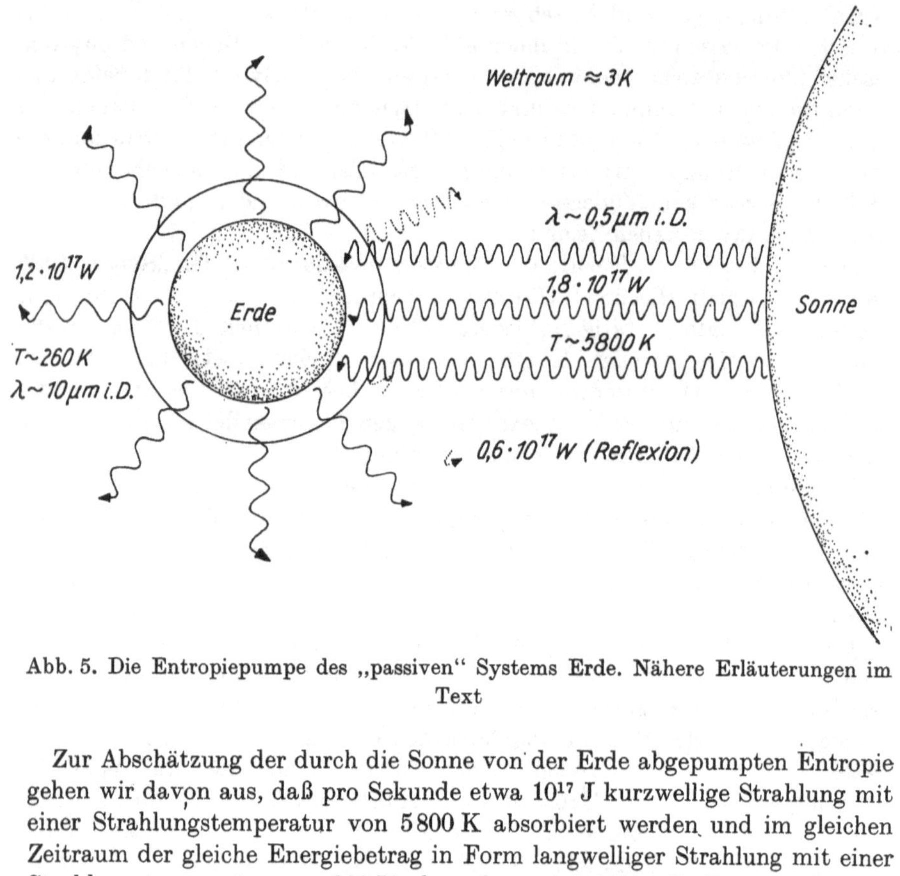

Abb. 5. Die Entropiepumpe des „passiven“ Systems Erde. Nähere Erläuterungen im Text

Zur Abschätzung der durch die Sonne von der Erde abgepumpten Entropie gehen wir davon aus, daß pro Sekunde etwa 10^{17} J kurzwellige Strahlung mit einer Strahlungstemperatur von 5800 K absorbiert werden und im gleichen Zeitraum der gleiche Energiebetrag in Form langwelliger Strahlung mit einer Strahlungstemperatur von 260 K abgegeben wird (Abb. 5). Dann ergibt sich für den Entropieexport pro Sekunde auf Grund der Strahlung unter Verwendung des Planckschen Formfaktors 4/3 für schwarze Strahlung [97]:

$$\frac{d_eS}{dt} = \frac{4}{3} \cdot 10^{17}\,\mathrm{W} \left(\frac{1}{5800\,\mathrm{K}} - \frac{1}{260\,\mathrm{K}} \right) = -5 \cdot 10^{14}\,\frac{\mathrm{W}}{\mathrm{K}}.$$

Dem entspricht pro m^2 Erdoberfläche ein Entropieexport von ca. 1 Watt pro Grad Kelvin (Erdoberfläche $\approx 5{,}1 \quad 10^{14}\,m^2$). Rechnet man die $5 \cdot 10^{14}$ W/K in bit um (Faktor 10^{23}), so erhält man den Wert $5 \cdot 10^{37}$ bit pro Sekunde. Ein großer Teil dieser im steady state pro Sekunde zur Verfügung stehenden Information wird in meteorologische Prozesse (Wolkenbildung, Gewitter, Regen, Stürme etc.) gespeist. Ein geringer Anteil wird von den Lebewesen „genutzt“ (Abb. 6).

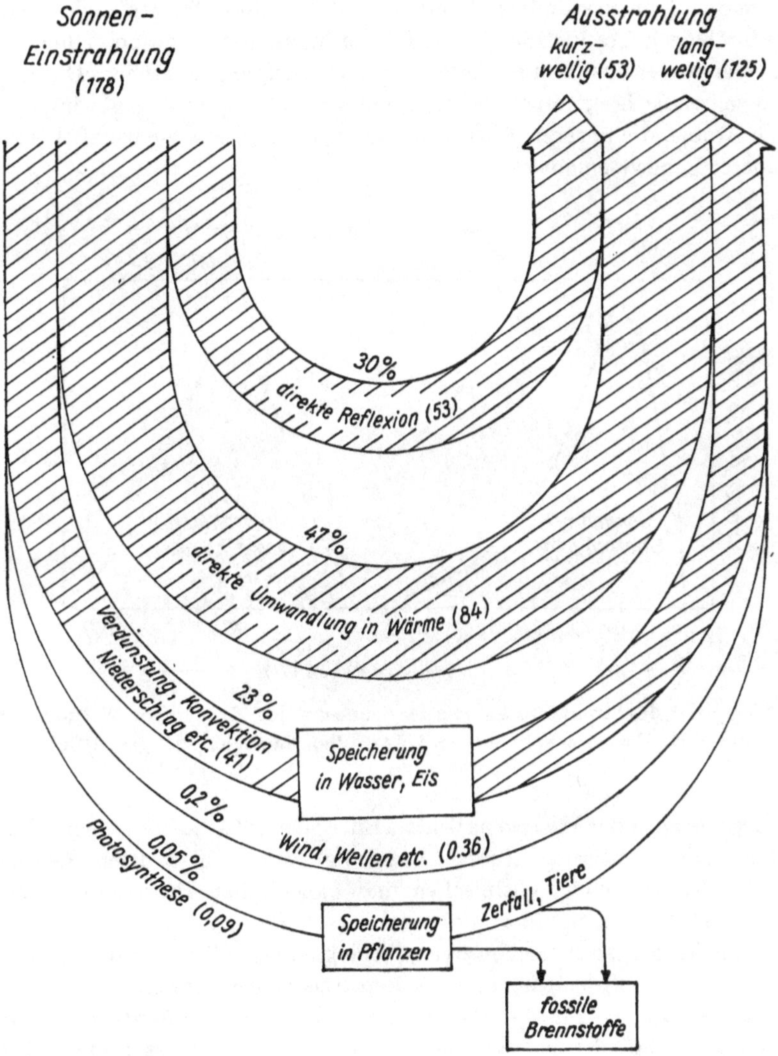

Abb. 6. Der Energiefluß zur und von der Erde, Angaben in 10^{15} W (aus LIBBERT, Hrsg., Allgemeine Biologie, Jena 1986, verändert, unter Benutzung von Werten von HUBBERT)

Die Materie auf unserer Erde kann immer wieder verwendet werden. Sie „nutzt sich nicht ab“. Es ist deshalb auch keine Zufuhr von außen notwendig.

Die Atome sind einem ständigen Kreislauf in der Natur unterworfen. Sie werden in eine unübersehbare Vielfalt chemischer Verbindungen eingespeist und treten früher oder später aus ihr aus, um erneut zur Verfügung zu stehen. Die Atome können zeitweilig Elektronen verlieren, um sie später wieder zu gewinnen. Die meisten Atome, die unseren Körper aufbauen, sind bereits mehrmals Bestandteil anderer Lebewesen gewesen.

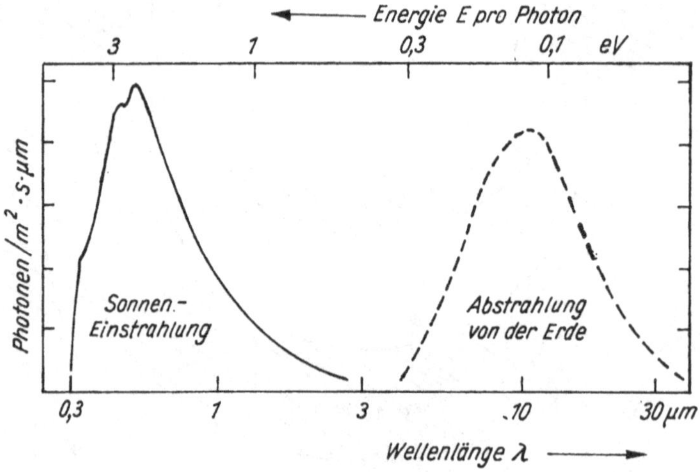

Abb. 7. Vergleich des Strahlenspektrums der Sonne mit dem der Erde im Weltraum, d. h. außerhalb der Atmosphäre (aus BJÖRN: Photobiologie, Stuttgart 1975)

Im Gegensatz zu der Materie haben die Energiequanten keinen solchen Kreislauf. Die Energie unterliegt einer „Abwertung“, einer Degradation. Sie durchläuft die physikalischen, chemischen und biologischen Prozesse nur einmal und endet schließlich in einer „unbrauchbaren“ Form. Sie muß deshalb ständig im Austausch gegen „hochwertige“ Energie nachgeliefert werden, um den „Betrieb“ auf der Erde aufrechtzuerhalten. Das eingestrahlte Sonnenlicht hat Wellenlängen um 0,5 µm, das von der Erde abgestrahlte um 10 µm (Abb. 7). Das bedeutet, daß die Energiequanten auf etwa 1/20 ihres ursprünglichen Wertes abgenommen haben: Es findet eine Aufteilung der Energie auf eine größere Zahl kleinerer Quanten statt. Ein weiteres Moment der Vernichtung von Ordnung ist darin zu sehen, daß die Sonnenstrahlen hochgradig gerichtet und in zeitlicher Struktur (tages- und jahresrhythmische Schwankungen in Bezug auf einen Teil der Erdoberfläche) unsere Erde erreichen. Demgegenüber zeigt die Wärmestrahlung der Erde weder eine Vorzugsrichtung noch größere Tagesschwankungen.

Diese Zusammenhänge hatte Robert MAYER 1842 in seiner wichtigen Arbeit über „Die Mechanik der Wärme" im Prinzip schon richtig erkannt. Er schrieb: „Die Sonne ist eine nach menschlichen Begriffen unerschöpfliche Quelle physikalischer Kraft. Der Strom dieser Kraft, der sich über unsere Erde ergießt, ist die beständig sich spannende Feder, die das Getriebe irdischer Tätigkeit im Gange hält ... Die Natur hat sich die Aufgabe gestellt, das der Erde zuströmende Licht im Fluge zu haschen und aufzuspeichern. Zur Erreichung dieses Zwecks hat sie die Erdkruste mit Organismen überzogen, welche lebend das Sonnenlicht in sich aufnehmen und unter Verwendung dieser Kraft eine fortlaufende Summe chemischer Differenzen erzeugen. Diese Organismen sind die Pflanzen ... Die durch die Tätigkeit der Pflanzen angesammelte physikalische Kraft fällt einer anderen Klasse von Geschöpfen anheim, die den Vorrat durch Raub sich zueignen und ihn zu individuellen Zwecken verwenden. Es sind dies die Tiere" [108]. Ludwig BOLTZMANN, der ein großer Verehrer DARWINS war, präzisierte die Aussagen in seinem Vortrag über den zweiten Hauptsatz der Mechanischen Wärmetheorie im Jahre 1886 mit folgenden Sätzen: „Der allgemeine Daseinskampf der Lebewesen ist ... nicht ein Kampf um die Grundstoffe ... auch nicht um Energie ..., sondern ein Kampf um die Entropie, welche durch den Übergang der Energie von der heißen Sonne zur kalten Erde disponibel wird. Diesen Übergang möglichst auszunutzen, breiten sich die Blätter aus und zwingen die Sonnenenergie in noch unerforschter Weise, ehe sie auf das Temperaturniveau der Erdoberfläche herabsinkt, chemische Synthesen auszuführen ... Die Produkte dieser chemischen Küche bilden das Kampfobjekt für die Tierwelt" [109]. Exakter müßte man heute allerdings mit SCHRÖDINGER (s. o.), der fast 60 Jahre später als BOLTZMANN zu ähnlichen Schlußfolgerungen kam, ohne auf ihn Bezug zu nehmen, von der „negativen Entropie" statt von der Entropie sprechen.

Die Bedeutung der Theorie dissipativer Strukturen für das Verständnis von Strukturbildungsprozessen im Bereich des Lebendigen ist unbestritten. „Es ist sicher verlockend", schrieb PRIGOGINE, „die lebenden Systeme als offene Systeme zu definieren, die eine dissipative Struktur darstellen, die auf chemischen Instabilitäten beruht" [110]. Er räumt aber gleichzeitig mit Recht ein, daß eine solche Definition noch unvollkommen ist und wesentlich genauere Angaben über den Typ der beteiligten chemischen Reaktionen erforderlich sind, um wesentliche Merkmale des Lebens zu erklären. Der wesentliche Fortschritt unserer Kenntnisse bestehe aber darin, daß „das Leben nicht mehr länger als eine Insel des Widerstandes gegen den zweiten Hauptsatz der Thermodynamik erscheint" [110].

Man darf wichtige Unterschiede zwischen den dissipativen Strukturen aus der Physik, wie z. B. der BÉNARD-Konvektion und dem Laser, und aus der Chemie, wie z. B. der ZHABOTINSKY-Reaktion und dem „Brüsselator", auf der einen und den organischen Strukturen auf der anderen Seite nicht übersehen, um nicht zu voreiligen Verallgemeinerungen und damit zu falschen Schlußfolgerungen zu gelangen. Der wesentliche Unterschied ist, daß der für die Herbeiführung und Aufrechterhaltung der Ordnung notwendige Entropieexport eine Leistung des Organismus selbst ist und nicht durch äußere Triebkräfte herbeigeführt wird. „Die Ordnung im Lebewesen wird nicht durch eine äußere Pumpe, sondern durch einen inneren Mechanismus aufrechterhalten" [97]. „Kennzeichnend für alles Lebensgeschehen", schrieb ROTHSCHUH einmal, „ist das aus sich selbst Verlaufende des Geschehens, das Sich-Selbst-Bewegen, das Sich-Selbst-Differenzieren, kurz die Selbstbestimmung der Ordnung" [111].

Dieses „Prinzip der Selbstbewegung der organisch gebauten Körper" hat übrigens bereits Offroy DE LA METTRIE, der engagierte Vertreter des französischen Materialismus im 18. Jahrhundert und Anhänger der iatromechanischen Schule, gegenüber vielen Widersachern in seiner Zeit, darunter Ernst Georg STAHL, verteidigt. Dieser „berühmteste aller Materialisten" (POPPER), der — um seiner Verhaftung zu entgehen — sein Land verlassen mußte und Leibarzt sowie Vorleser bei Friedrich II. in Berlin wurde, bestritt — und das wird oft vergessen — keineswegs generell die Existenz einer Seele. Insofern waren die Tiere (und der Mensch) für ihn auch wieder „mehr als eine Maschine". Der Titel eines weniger bekannten Buches von ihm lautete: „Les animeaux plus que machines". „Jenes anregende und ungestüme Prinzip, das HIPPOKRATES die Seele nennt. Dieses Prinzip existiert und es hat seinen Sitz im Gehirn" [112], schrieb er. Wir finden in seinem berühmtesten Werk „Der Mensch eine Maschine" auch den denkwürdigen Satz: „Der menschliche Körper ist eine Maschine, die selbst ihre Federn aufzieht; ein lebendiges Ebenbild der unaufhörlichen Bewegung" [112]. Und an anderer Stelle präzisiert er: „Deshalb ist die Seele nur ein Bewegungsprinzip oder ein empfindlicher Teil des Gehirns, den man als eine Haupttriebfeder der ganzen Maschine ansehen kann", und „der Körper ist nur eine Uhr und der neue Speisesaft der Uhrmacher dazu" [112].

Durch dieses „Prinzip der Selbstbewegung" unterscheiden sich in der Tat alle Lebewesen grundsätzlich von allen durch Menschenhand und -geist geformten Artefakten. Das ist und kann zunächst nur eine Feststellung und keine Erklärung sein. Alle Lebewesen „ziehen sich nicht nur selber auf", sondern bauen sich auch selber ununterbrochen auf, erhalten, reparieren, regulieren und vervielfältigen sich selber. Wilhelm ROUX bezeichnete diese „Selbsttätigkeit" als „Autoergie" und nannte im einzelnen neun Selbstleistungen [113]: Selbstveränderung, Selbstausscheidung, Selbstaufnahme, Selbstassimilation, Selbstwachstum, Selbstbewegung, Selbstvermehrung, Selbstübertragung oder Vererbung und Selbstentwicklung. „Es sollte offenkundig sein", argumentierte der Philosoph Eduard Stuart RUSSEL [114] im Zusammenhang mit der „Maschinentheorie des Lebens" deshalb mit Recht, „daß die Analogie zwischen einem Organismus und einer Maschine oberflächlich und vage ist, allein schon aus dem Grunde, weil der Organismus eine Einheit ist, die sich selbst erhält, sich fortpflanzt und entwickelt, und eben dies gilt von keiner Maschine".

Jacques MONOD kommt im Verlaufe seiner Überlegungen zu dem gleichen Resultat, indem er feststellte, daß das Leben „fast nichts der Einwirkung äußerer Kräfte, aber alles — von der allgemeinen Gestalt bis in die kleinste Einzelheit — seinen inneren, ‚morphogenetischen' Wechselwirkungen" verdanke. Seine Struktur beweise „eine klare und uneingeschränkte Selbstbestimmung, die eine quasi totale ‚Freiheit' gegenüber äußeren Kräften und Bedingungen" einschließe. „Äußere Bedingungen können die Entfaltung des lebenden Objekts wohl behindern, nicht jedoch lenken; sie können ihm seine Organisation nicht aufzwingen. Durch den autonomen und spontanen Charakter der morphogenetischen Prozesse, in denen sich ihre makroskopische Struktur aufbaut, unterscheiden sich die Lebewesen absolut von den Artefakten" [115].

Die Erscheinung, daß der Entropieexport eine Leistung des Organismus selbst ist und nicht durch äußere Triebkräfte herbeigeführt wird, hat übrigens auch folgende Konsequenz: Dissipative anorganische Strukturen zerfallen sehr schnell, wenn die äußeren Triebkräfte, etwa der Energiefluß beim Laser oder der Wärmefluß bei der BÉNARD-Konvektion, abgeschaltet werden. Sie können aber jederzeit wieder neu hervorgebracht werden, wenn man die entsprechenden Bedingungen neu schafft. Die organischen dissipativen Strukturen zerfallen dagegen irreversibel, wenn man das System isoliert, d. h. den Stoff- und Energie-Austausch unterbindet.

Neben den dissipativen Strukturen gibt es die „konservativen" Strukturen, die im Gegensatz zu den ersteren ohne Dissipation von Energie, d. h. ohne stationäre Entropieerzeugung, aufrecht erhalten werden. Man kann sie deshalb von ihrer Umgebung trennen, ohne daß sie zerfallen. Es sind statische Ordnungszustände, die durch anziehende und abstoßende konservative Kräfte zwischen den Untereinheiten des Systems zustandekommen, die in eine stabile räumliche Lage zueinander gebracht werden. Dabei nimmt das System eines der möglichen Minima der potentiellen Energie an. Dazu gehört beispielsweise unser Planetensystem ebenso wie die räumliche Struktur der Nukleinsäuren und Proteine oder die Kristalle.

Letztere wurden oft mit den Lebewesen modellhaft verglichen, da sie wie Lebewesen wachsen können und einen hohen Grad an Ordnung aufweisen. Erinnert sei an die berühmten Ausführungen Theodor SCHWANNS in seiner „Theorie der Zellen", wo er die von HAECKEL unterstützte Theorie entwickelte, daß die Bildung der Elementarteile der Organismen nichts als eine Kristallisation imbibitionsfähiger Substanz, der Organismus nichts als ein Aggregat solcher „imbibitionsfähiger Kristalle" sei [116]. Kristalle sind für HAECKEL „die höchst entwickelten anorganischen Individuen" [117], die „eine innere Struktur besitzen wie der Organimus" [117]. Sie werden den „organischen Individuen" vergleichend gegenübergestellt. „Wenn wir die Zusammensetzung des Körpers aus verschiedenen Teilen als Hauptcharakter der Organismen hervorheben wollten", so schreibt er in seiner „Generellen Morphologie", „so würde die Kluft zwischen jenen einfachen, lebenden Plasmaklumpen" (gemeint sind die „Moneren" HAECKELS) „und den höheren, aus Individuen verschiedener Ordnung zusammengesetzten Organismen, viel größer als die Kluft zwischen den ersteren einerseits und den Kristallen andererseits" [117]. Tatsächlich repräsentiert der Kristall eine höhere geometrische Ordnung und eine niedrigere Entropie als er im aufgelösten Zustand besitzen würde. Die Entropie des Gesamtsystems nimmt aber bei der Kristallbildung dennoch zu, da die freiwerdende Bindungswärme (Erstarrungswärme) die Entropieabnahme mehr als kompensiert. Der zweite Hauptsatz gilt also auch hier.

Die interessantesten konservativen Strukturen stellen zweifellos die Viren dar. Sie können sich nur innerhalb einer fremden Zelle unter Ausnutzung der Stoffwechselfließbänder dieses Wirtes vermehren. Sie besitzen keinen eigenen Stoffwechsel, sondern führen ihr genetisches Material in die fremde Zelle ein und verwenden die Ribosomen der Wirtszelle zur Synthese der viruseigenen Proteine. Nur die intakte Wirtszelle gewährleistet die Reproduktion der Virus-Nukleinsäuren und die Produktion infektiöser Einheiten. Viren sind hinsichtlich des Rohmaterials für die Synthese, bezüglich der Energiebereitstellung und im Hinblick auf die Synthesemaschinerie selbst vollständig auf die lebende Wirtszelle angewiesen. Sie leben selber nicht, können sich aber das Leben zeitweilig „ausborgen" (WEIDEL).

Der Komplexitätsgrad von Virionen ist oft nicht unerheblich (Abb. 8). Bekannt ist die Struktur des T_2-Phagen mit einem schraubig gebauten „Schwanz"

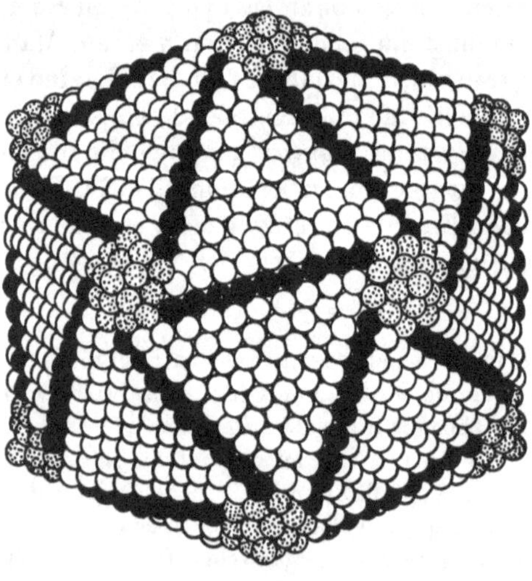

Abb. 8. Strukturmodell des isometrischen Virions Iridovirus, eine insektenpathogene Art, 20% DNA und 80% Virusprotein (nach WRIGLEY)

und dem polyederartigen „Kopf", der die DNA-Doppelhelix von 55 μm Länge enthält. Der Schwanz setzt sich nochmals aus einer inneren Kanüle und einer äußeren Scheide zusammen. Letztere trägt an ihrem kopfabgewandten Ende eine mit „Klauen" versehene Endplatte, an der sechs angewinkelte Schwanzfäden befestigt sind. Mit Hilfe dieser Fäden können spezifische Rezeptoren an der Zellwand der Wirtszelle, *Escherichia coli*, erkannt und die Anheftung der Endplatte eingeleitet werden. Durch Kontraktion der Schwanzscheide kann anschließend die Schwanzkanüle durch die durch Lyozym zuvor „aufgeweichte" Zellwand und Zellmembran des Bakteriums hindurchgedrückt und die DNA-Doppelhelix injiziert werden.

Wohl zu den aufregendsten Entdeckungen der Virologen in jüngerer Zeit zählt die Beobachtung, daß sich die einzelnen Bestandteile der Bakteriophagen, wie Kapsel, Schaft, Schwanzfäden usw., durch „Selbstassoziation" (self assembly) ohne zusätzliche Instruktion oder direkte Zufuhr von Energie allein auf Grund ihrer Form und ihres Ladungsmuster *in vitro* zum intakten Phagen zusammenschließen können (Abb. 9). Man hat Mutanten des T_2-Phagen isoliert, die bestimmte Teile ihrer Struktur nicht zu bilden vermögen. Mischt man die verschiedenen Defektmutanten (ohne Kopfkapsel, ohne Schaft bzw. ohne Schwanzfäden) *in vitro*, so komplettieren sich die Bruchstücke gegenseitig durch Aggregation zu völlig normalen und vollständigen infektionsfähigen Phagen.

Solche „selbst ordnenden Strukturen" sind nicht auf die Viren und Phagen beschränkt. Auch die aus mehreren Proteinen bestehenden Proteinkomplexe, wie z. B. das Hämoglobin, verschiedene Multienzymkomplexe, die Ribosomen und die Kollagenfasern zählen dazu.

Es werden durch die spontane stereospezifische Aggregation komplexe Strukturen aufgebaut, die Eigenschaften — wie z. B. die Infektionsfähigkeit der Phagen — besitzen, die keines der Teile aufwies. „Aus der Mischung ‚erscheinen' Ordnung, strukturelle Differenzierung und Funktionserwerb" [118]. Diese Struktur bildet sich spontan ohne äußeren Eingriff. Auch die Eingabe neuer Informationen ist nicht nötig, da die notwendige Information, der Strukturplan, bereits potentiell in den aggregierenden Bestandteilen vorhanden ist.

Die Gestaltbildung im Bereich des Organischen beruht auf einem komplizierten Zusammenwirken sowohl des konservativen als auch des dissipativen Prinzips. „Dissipative Prozesse steuern und synchronisieren die Abrufung der in konservativen Strukturen gespeicherten Information und garantieren ihre funktionelle Wirksamkeit", schrieb Manfred Eigen [119]. Wiederum müssen wir konstatieren: Die Gestaltbildung im Lebendigen, die Entstehung von Ordnung ist eine System-Leistung. Sie läßt „sich ebenso wenig direkt aus der Struktur von Molekülen ablesen wie die Form von Wolken und Wellen aus der

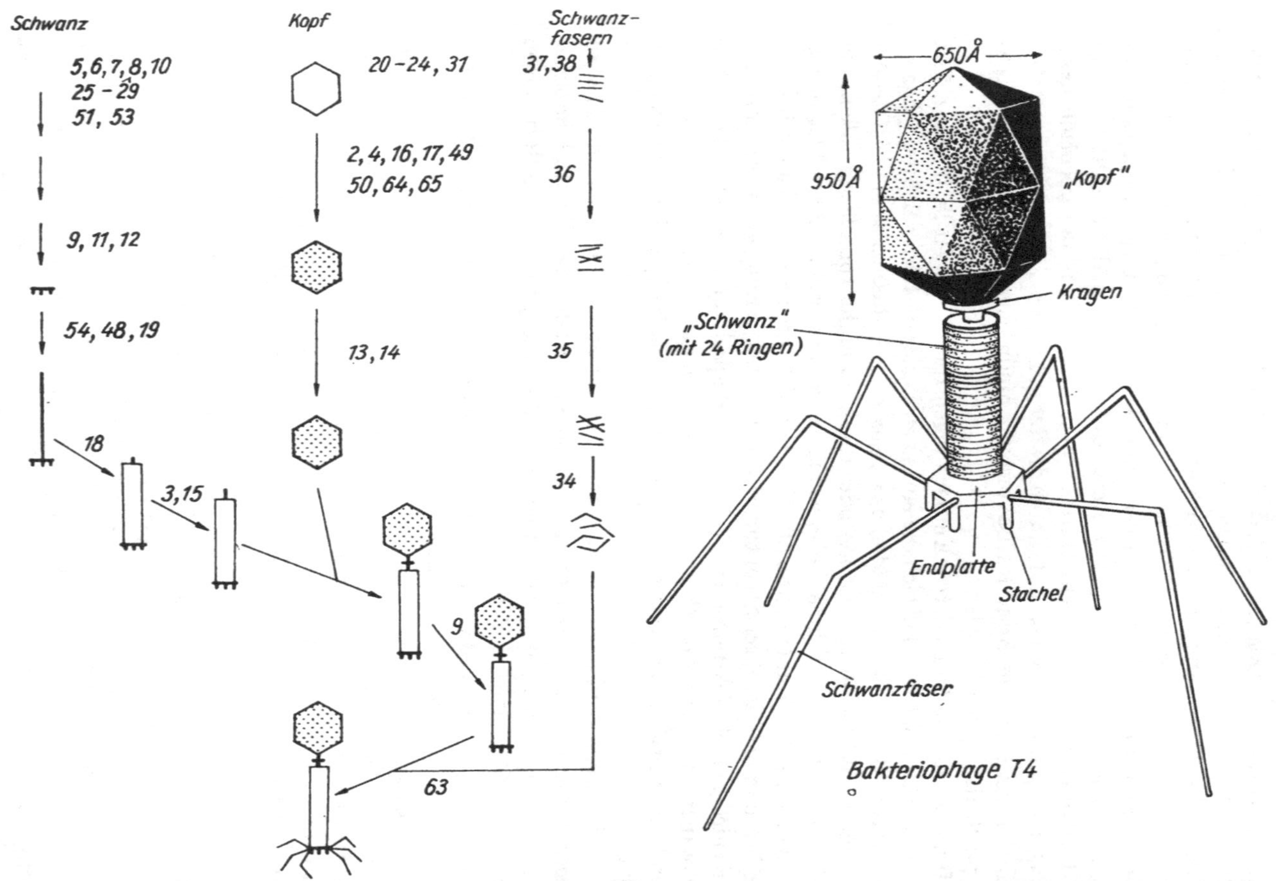

Abb. 9. Die Morphogenese des Bakteriophagen T4. Die Zahlen nennen die Gene, deren Produkte an der entsprechenden Bildung beteiligt sind (nach EDGAR & WOOD 1968)

chemischen Formel für Wasser. Auch wenn wir alle an der biologischen Formbildung beteiligten Moleküle kennen würden, wären außerdem phänomenologische Theorien und mathematische Fakten erforderlich, um die Form selbst zu verstehen" [120].

7. Entropie und Information

Ludwig von Bertalanffy bezeichnete einmal die Beziehung zwischen der irreversiblen Thermodynamik und der Information als eines der fundamentalsten ungelösten Probleme in der Biologie [121].

Im Jahre 1871 beschrieb James Clerk Maxwell in seiner Theorie der Wärme ein Gedankenexperiment, das in der Folgezeit immer wieder zu Diskussionen Anlaß gegeben hat. Es behandelt die Beziehung zwischen der Beobachtung und Information auf der einen und der thermodynamischen Entropie auf der anderen Seite. Maxwell [122] stellte sich ein „Wesen" vor, das in der Lage sein sollte, jedes Molekül auf seinem Wege zu verfolgen. In einem Gefäß, das durch eine Wand, in der sich ein verschließbares Loch befinde, in zwei Teile unterteilt sei, befinde sich ein Gas. Das „Wesen" sei weiter in der Lage, das Loch ohne Kraftaufwand zu öffnen und wieder zu schließen (Abb. 10). Immer dann, wenn sich ein relativ schnelles Molekül vom linken Raum auf das Loch zu bewege, wird es kurzfristig geöffnet und der Durchtritt in den rechten Raum freige-

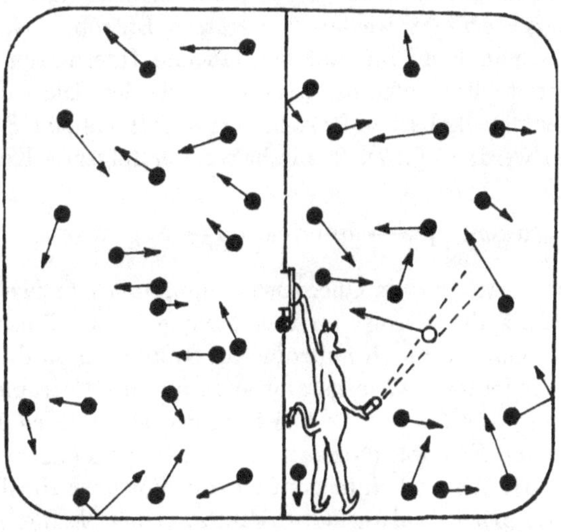

Abb. 10. Der Maxwellsche Dämon. Weitere Erläuterungen im Text (aus Lerner: Grundzüge der Kybernetik, 2. Aufl., Berlin 1972)

geben. Dasselbe gilt, wenn sich umgekehrt ein relativ langsames Molekül vom rechten Raum dem Loch nähert. So könnte das „Wesen“ ohne Arbeitsaufwand im Widerspruch zum 2. Hauptsatz der Thermodynamik allmählich eine Temperaturdifferenz zwischen den beiden Räumen aufbauen. Es tritt damit die Frage auf: Ist das Entropie-Prinzip (zweiter Hauptsatz der Thermodynamik) hinfällig, wenn „Intelligenz“ eingreift? In dieser Form hat das Gedankenexperiment von MAXWELL auch für die Biologie eine grundlegende Bedeutung.

SZILLARD wies 1929 als erster bei der Diskussion des Problems des „MAXWELLschen Dämons“ darauf hin, daß der Dämon Information in Negentropie überführe [123]. G. N. LEWIS (1930) formulierte [124]: „gain in entropy means loss in information, nothing more“. Quantitativ wurde diese Beziehung zwischen Information und Entropie unter anderem von DEMERS [125] und BRILLOUIN [126] untersucht. Sie stellten sich zunächst die Frage: Ist es überhaupt für den „Dämon“ möglich, die einzelnen Moleküle zu sehen? Es wird doch davon ausgegangen, daß das System isoliert ist und anfänglich eine bestimmte einheitliche Temperatur (Gleichgewicht) herrscht. Der „Dämon“ kann unter diesen Bedingungen im Inneren des Systems nicht das Geringste sehen. Um die Moleküle sichtbar zu machen, und zwar bereits dann, wenn sie sich noch relativ weit von der Trennwand entfernt auf das Loch zu bewegen, benötigt der „Dämon“ eine Energiequelle, z. B. Licht aus einer Taschenlampe. Diese kann aber deshalb strahlen, weil sie sich nicht im Gleichgewicht befindet. Sie bringt negative Entropie in das System ein. Aus dieser negativen Entropie schöpft der „Dämon“ seine Information, die er wiederum dazu benutzt, das Loch kurzfristig zu öffnen, d. h., er erzeugt wiederum negative Entropie. Norbert WIENER schrieb: „Der Dämon kann nur auf empfangene Information handeln, und diese Information stellt eine negative Entropie dar. Die Information muß durch irgendeinen physikalischen Prozeß, sagen wir irgendeine Form von Strahlung, übertragen werden“ [127]. Somit haben wir folgende Kette von Ereignissen

$$\text{Negentropie} \rightarrow \text{Information} \rightarrow \text{Negentropie.}$$

DEMERS [125] wies nach, daß in Übereinstimmung mit dem zweiten Hauptsatz der Thermodynamik der Verlust an Negentropie in der Taschenlampe stets größer ist als der Gewinn an Negentropie im System durch die Tätigkeit des „Dämons“. Das bedeutet, daß insgesamt auch hier die Entropie zunimmt.

Die „Entlarvung“ des MAXWELLschen Dämons gelang durch die Erkenntnis, daß Information und Entropie (Negentropie) zusammenhängen. Beide Begriffe haben etwas mit der Wahrscheinlichkeit zu tun. Vor über 100 Jahren erschien 1877 die berühmte Arbeit Ludwig BOLTZMANNS: „Über die Beziehung zwischen dem zweiten Hauptsatz der mechanischen Wärmetheorie und der Wahrscheinlichkeitsrechnung respektive den Sätzen über das Wärmegleichgewicht“. Er formulierte darin erstmalig den Zusammenhang zwischen der Entropie S eines Systems und der Anzahl der verschiedenen Molekülanordnungen (Mikrozustände) oder „elementaren Komplexionen" (PLANCK) W, die demselben makroskopischen Zustand des Systems entsprechen. In der von Max PLANCK geprägten Form lautet dieser Zusammenhang – wie man es auch auf dem Grabstein BOLTZMANNS lesen kann –

$$S = k \cdot \ln W .$$

Die Konstante k wurde BOLTZMANN zu Ehren als BOLTZMANN-Konstante bezeichnet und hat den Wert $1{,}38 \cdot 10^{-16}$ erg/K. Die Größe W wird als „thermodynamische Wahrscheinlichkeit" bezeichnet.

Auch die Information hat etwas mit der Wahrscheinlichkeit zu tun. Sie ist bei SHANNON „Beseitigung von Ungewißheit". Je größer meine Ungewißheit ist, desto mehr Information ist zu deren Beseitigung notwendig. Je größer aber meine Ungewißheit ist, desto mehr Möglichkeiten „stehen offen". Das bedeutet gleichzeitig, daß jede einzelne Möglichkeit in der Regel mit relativ geringer Wahrscheinlichkeit erwartet werden kann. Erwartungswahrscheinlichkeit $p(x)$ und Ungewißheit und damit auch die Informationsmenge I stehen in einem reziproken Verhältnis zueinander. Es gilt unter der Voraussetzung, daß nach dem Empfang der Nachricht keine Ungewißheit mehr zurückbleibt

$$I_i \sim \frac{1}{p(x_i)} \left(\sum_i p(x_i) = 1;\; 0 \leqq p(x_i) \leqq 1 \right).$$

Um den Forderungen zu genügen, daß sich die Informationsgehalte zweier Nachrichten nicht multiplizieren, sondern addieren müssen und für $p(x_i) = 1$ der Informationsgehalt I_i null wird, wählt man den logarithmischen Zusammenhang zwischen der Erwartungswahrscheinlichkeit und der Informationsmenge. Die Basis 2 wurde gewählt, weil für den einfachsten Fall (nur zwei verschiedene, gleich wahrscheinliche Nachrichten sind möglich: $p(x_1) = p(x_2) = 1/2$) mit dem Empfang einer dieser beiden Nachrichten die Einheit der Informationsmenge, ein bit (zusammengezogen aus „binary digit"), erhalten werden soll. So lautet die berühmte SHANNONsche Formel

$$I_i = ld \frac{1}{p(x_i)} = -ld\, p(x_i) .$$

Die mittlere Informationsmenge H pro Nachricht einer Quelle (n mögliche Nachrichten) errechnet sich dann zu

$$H = \sum_{i=1}^{n} p(x_i)\, I_i = -\sum_{i=1}^{n} p(x_i)\, ld\, p(x_i) .$$

H hat die Form eines Mittelwertes einer Zufallsgröße, die die Werte $-ld\, p(x_1)$, $-ld\, p(x_2), \ldots, -ld\, p(x_n)$ mit den Wahrscheinlichkeiten $p(x_1), p(x_2), \ldots, p(x_n)$, annimmt.

Auf die Frage, wie diese Größe zu benennen sei, führte SHANNON einmal aus: „I thought of calling it ‚information', but the word was overly used, so I decided to call it ‚uncertainty'. When I discussed it with John VON NEUMANN, he had a better idea. VON NEUMANN told me, ‚you should call it entropy, for two reasons. In the first place your uncertainty function has been used in statistical mechanics under that name, so it already has a name. In the second place, and more important, no one knows what entropy really is, so in a debate you will always have the advantage" [128]. So wurde für H der Name „Entropie" eingeführt. Sind alle Nachrichten einer Quelle gleich wahrscheinlich $\left(p(x_1) = p(x_2) = \quad = p(x_n) = 1/n\right)$, dann erreicht H ein Maximum und beträgt

$$H_{\max} = \mathrm{ld}\, n .$$

SHANNON und WEAVER stellen 1949 fest: „Information erweist sich als genau das, was man in der Thermodynamik Entropie nennt" [129]. Es ergibt sich somit eine direkte Proportionalität zwischen der Entropie und der Information, wobei der Proportionalitätsfaktor $k \cdot \ln 2 \approx 10^{-23}\, \mathrm{J} \cdot \mathrm{K}^{-1}$ beträgt.

Gemeint ist bei SHANNON diejenige Informationsmenge, die wir erhalten würden, wenn wir den tatsächlichen Mikrozustand von den vielen möglichen bei einem gegebenen Makrozustand des Systems erfahren würden (sog. „potentielle Information"), mit anderen Worten: die nötig wäre, um die augenblicklich vorliegende Molekülanordnung unseres physikalischen Systems festzulegen. „Die Entropie ist also ein Maß für unser Unwissen über den augenblicklichen Mikrozustand eines physikalischen Systems", sagt Dieter FLAMM [130]. Das heißt, daß bei einem System mit hoher Entropie die Kenntnis des Makrozustandes wenig über den tatsächlichen Mikrozustand aussagt. Es ist eine hohe Entropie mit einem hohen Grad an Unsicherheit (Ungewißheit) über den tatsächlichen Mikrozustand gekoppelt, die bei ihrer Beseitigung relativ viel Information liefern würde. Andererseits ist unsere „aktuelle Information", unser aktuelles Wissen über den tatsächlichen Mikrozustand bei einem gegebenen Makrozustand eines Systems um so kleiner je höher der Entropiewert ist, da die Zahl der Möglichkeiten (PLANCKsche Komplexionen) mit der Entropie zunimmt. Die aktuelle Information, die wir über den tatsächlichen Mikrozustand besitzen, nimmt also im Gegensatz zur potentiellen Information mit der Abnahme der Entropie, d. h. mit der Zunahme an Negentropie nicht ab, sondern zu. BRILLUOIN sagt: „Entropie bezeichnet den Grad der Unordnung, in welchem sich ein physikalisches System befindet, oder genauer, den Mangel an Information über seinen tatsächlichen Zustand". Also: „Je größer die Information um so kleiner die Entropie" [131] oder

Negentropie = Information

und nicht Entropie = Information (s. o.). In diesem Sinne faßte BRILLOUIN im Gegensatz zu SHANNON den Informationsbegriff in seinem „Negentropieprinzip der Information" auf, und die meisten Biologen und Biophysiker (EIGEN, LINSCHITZ, LWOFF, MOROWITZ, QUASTLER, SCHUSTER u. a.) folgten ihm darin. Jacques MONOD nannte dieses Prinzip „eine äußerst fruchtbare Vorstellung, die aber auch zu unvorsichtigen Vergleichen und Verallgemeinerungen Anlaß geben kann" [132] und auch gegeben hat. Dieses Prinzip impliziert, daß Arbeit geleistet werden muß, um Information zu erhalten. MOROWITZ formulierte es einmal so: „Für nichts ist auch nichts zu haben — nicht einmal Information" [133]. „Bei der Beschaffung von Information wird bei gleichbleibender innerer Energie stets freie Energie verbraucht und damit Entropie erzeugt", stellt Dieter FLAMM fest und fährt fort: „Aber selbst wenn die Information bereits vorhanden ist, bedarf es freier Energie, um sie verwenden zu können, wie dies durch die Abhängigkeit der Viren vom Stoffwechsel lebender Zellen eindrucksvoll demonstriert wird" [130]. Diese unterschiedliche Interpretation der Information hat in der Literatur viele Mißverständnisse und Diskusionen hervorgerufen.

Die Informationstheorie hat sofort mit dem Erscheinen des bekannten Aufsatzes von SHANNON (1948) [134] sowie — ein Jahr später — des Buches vom gleichen Autor gemeinsam mit WEAVER [135] das besondere Interesse der Biologen und Biophysiker gefunden. Hoffte man doch, durch sie einen Zugang zur Quantifizierung grundlegender biologischer Sachverhalte, zu einer quantitativen Theorie biologischer Organisation zu finden. Hat die Informationstheorie diese Hoffnungen erfüllt? Bereits vier Jahre nach SHANNON erschien ein Buch über die Anwendung der Informationstheorie in der Biologie, herausgegeben von Henry QUASTLER [136]. Er führte unter anderem aus, daß die DNA einer Säugetierzelle eine Informationskapazität von $2 \cdot 10^{10}$ bit besitze. Ihr entsprechen etwa 100 Sätze der „Encyclopaedia Britannica". Für den menschlichen Organismus insgesamt wurden $2 \cdot 10^{28}$ bit angegeben [137], wobei man von 24,5 bit pro Atom und $7 \quad 10^{27}$ Atomen insgesamt ausging und annahm, daß nur jedes zehnte Atom eine definierte Lage besitzen müsse. Dieser Wert übertrifft den Informationsgehalt aller Bibliotheken unserer Erde. MOROWITZ [138] errechnete, daß zur Beschreibung der dreidimensionalen Anordnung der Atome im Bakterium *Escherichia coli* bereits etwa $2 \cdot 10^{11}$ bit notwendig seien.

Man muß heute einschätzen, daß solche Berechnungen keinen Erkenntnisgewinn für das tiefere Verständnis biologischer Zusammenhänge gebracht haben. Horton A. JOHNSON kommt in seinem Aufsatz „Information Theory in Biology after 18 Years" [139] zu dem Urteil: „Information theory seemed to be an exciting new way to measure a fundamental property of living things, and it was hoped that this would eventually lead biology into quantitative maturity. In the ensuing years, however, information theory never offered any real help in designing or interpreting an experiment, and this, after all, is the only measure of the significance of a theory". Eine wesentliche Ursache für das Versagen dieser Ansätze ist sicher darin zu sehen, daß die Informationstheorie in ihrer Form, wie sie von SHANNON entwickelt wurde, für die biologischen Belange wenig relevant ist, und zwar deshalb, weil die Theorie ausschließlich den quantitativen Aspekt der Information bzw. Organisation behandelt, aber nichts über die Qualität einer Information aussagt. „Wenn, beispielsweise ein bestimmtes Guanin-Molekül eines bestimmten Gens (also eine einzige Entscheidung im ungeheuer langen genetischen Code) durch ein Adenin-Molekül ersetzt wird, so bleibt", wie LWOFF völlig zutreffend bemerkte [140], „der Informationsgehalt, die strukturelle Negentropie des Systems gleich. Für den Physiker hat sich, selbst wenn diese Mutante letal ist, nichts geändert; der Negentropiegehalt blieb derselbe. Wenn die Mutante aber letal ist, der veränderte Organismus nunmehr unfähig, normal zu funktionieren und sich zu vermehren, hat er aufgehört zu leben". In der Biologie ist die Qualität der Information mindestens genauso wichtig wie die Quantität. „Bringe zum Beispiel zwei Kaninchen in eine Box", schrieb JOHNSON [139], „so ist die als physikalische Entropie gemessene Entropie ungefähr dieselbe wenn die Kaninchen gleichen oder unterschiedlichen Geschlechts sind. Jedoch die Zukunft des biologischen Systems hängt völlig von der sexuellen Qualität der Information in ihm ab".

Nachrichten werden mit Hilfe physischer Tatbestände bzw. Ereignisse, die man allgemein Signale nennt, übermittelt. Das Signal wiederum kann aus einer räumlichen oder zeitlichen Kombination von Zeichen („Zeichenmuster"), im Grenzfall auch nur aus einem einzigen Zeichen bestehen. Jedes Zeichen besitzt eine dreigliedrige Struktur, eine „triadische Struktur" (PEIRCE) bzw. drei „Dimensionen" (MORRIS [141]):

Jedes Zeichen ist etwas (syntaktische Dimension)
jedes Zeichen ist Zeichen von etwas (semantische Dimension)
jedes Zeichen ist Zeichen für jemand (pragmatische Dimension).

SHANNON und WEAVER gehen bei ihren Untersuchungen zur Quantifizierung der Nachrichten allein von der syntaktischen Dimension der Information aus. Ihnen ging es nicht um die Information selbst, sondern um das Meßbarmachen einer Nachricht eines Senders für einen Empfänger: Botschaften haben zwar meistens eine Bedeutung, aber „diese semantischen Aspekte der Kommunikation sind für die technischen Probleme irrelevant", schrieb SHANNON [135]. Die Einführung eines Maßes für die vorher als nicht meßbar geltende Information durch SHANNON markiert gewiß einen Meilenstein auf dem von GALILEI vorgezeichneten Weg: „zu messen, was man messen kann, und meßbar zu machen, was man nicht messen kann". Sein Informationsmaß sagt aber nichts über die Bedeutung der Nachricht für den Empfänger aus, wie wichtig ihr Inhalt für ihn auch immer sein mag. BRILLOUIN bemerkte: „Wir machen keinen Unterschied zwischen einer nützlichen und unnützen Information, und wir ziehen vor, den Wert der Information völlig zu ignorieren. Unsere statistische Definition der Information basiert nur auf der Seltenheit. Wenn eine Situation selten ist, enthält sie Information. Ob eine Information wertvoll ist oder wertlos, das interessiert uns nicht. Der „Wertbegriff" bezieht sich auf die mögliche Nutzung durch einen lebenden Beobachter. Das liegt außerhalb des Bereiches unserer Theorie, und wir sind nicht in der Lage, den Denkprozeß oder irgendein anderes Problem über die Nutzung der Information durch Lebewesen zu diskutieren" [142].

Das schränkt die Anwendbarkeit des Informationsmaßes selbstverständlich nicht nur in der Biologie, sondern auch in anderen Wissenschaften erheblich ein. Im Jahre 1968 fand in Starnberg eine Diskussion zwischen Wissenschaftlern verschiedenster Fachrichtungen über den Nutzen der Anwendung der Informationstheorie in ihren Disziplinen statt [143]. Das Ergebnis war nicht ermutigend. Karl STEINBUCH hob hervor: „Die SHANNONsche Informationstheorie ist im Zusammenhang mit dem Computer praktisch nutzlos". Zu einem ähnlichen Resultat kommt der Psychologe Walter HASELOFF für sein Fach: „Bei dem Versuch der Anwendung der SHANNONschen Theorie auf psychologische Probleme sind wir schon vor Jahren zu dem Ergebnis gekommen, daß dies nutzlos ist". Und Yehoshua BAR HILLEL äußerte: „Für das, was langue (frz.) und language (engl.) bezeichnet, ist die gesamte Informationstheorie irrelevant".

Es hat nicht an Versuchen gefehlt, das quantitative Maß der Information durch einen qualitativen Faktor zu ergänzen, etwa durch die Einführung eines „Wertparameters", wodurch der physikalische Ansatz erst seine biologische Relevanz erhalten würde. Welcher Anteil der $2 \cdot 10^{11}$ bit an physikalischer Information, die MOROWITZ für *Escherichia coli* berechnete (s. o.), ist wirklich für das Bakterium, für seine weitere Existenz notwendig? Sind es nur die 10^7 bit, die in seinem Genom verschlüsselt sind, oder sind es mehr? Wir wissen es nicht exakt. Man kann sagen, daß „ein lebendes System — eine Zelle, eine Zellkolonie, ein mehrzelliger Organismus — sich nicht am Leben erhalten kann, ohne ein gewisses Minimum an sinnvoller Organisation" [139]. Daraus folgt, daß dieses Minimum mindestens aufrecht erhalten werden muß, aber nicht abnehmen darf. „Für biologische Systeme, d. h. für Systeme mit sinnvollem Ordnungsgrad", schreibt L. A. BLUMENFELD, „wird das Bestimmende nicht die Menge, sondern die Qualität, d. h. der Wert der Information. Die Schaffung eines formellen Apparates der Informationstheorie, die die Qualität berücksichtigt, wäre ein wichtiger Schritt zur Entwicklung einer theoretischen Biologie" [144].

8. Zweckmäßigkeit im Lebendigen

Das Problem der Teleologie und Finalität zieht sich wie ein roter Faden durch die Geistesgeschichte bis in unsere Tage. Wolfgang STEGMÜLLER kennzeichnete es einmal als einen „ebenso altehrwürdigen wie fast undurchdringlichen Urwald" [145].

Die Tatsache der Zweckmäßigkeit von Strukturen, Funktionen und Verhaltensweisen im Bereich des Organischen ist so vordergründig, daß sie bereits den großen Denkern des klassischen Altertums nicht entgehen konnte. Dabei bedeutet es eine unbegründete Einschränkung, wenn man den Begriff der Zweckmäßigkeit nur auf die „Angepaßtheit organischer Systeme ... gegenüber Umweltbedingungen" bezieht (z. B. [146]), sind es doch gerade auch die der Selbsterhaltung dienenden Prozesse im Organismus selbst, die außerordentlich zweckmäßig ablaufen. Die Wissenschaft hat sich aber zu keiner Zeit mit dem Feststellen eines Sachverhaltes allein zufrieden gegeben, sondern immer versucht, das Phänomen auch zu verstehen, zu erklären und in größere Zusammenhänge zu stellen. Das mußte im Hinblick auf die Teleologie und Finalität in der vorevolutionistischen Biologie stets in eine Sackgasse führen.

In der Philosophie des ARISTOTELES wurde der Zweck zum herrschenden Prinzip gemacht, und zwar nicht nur in der belebten, sondern auch in der unbelebten Natur. „Es gibt zwei Arten von Ursachen", schrieb ARISTOTELES, „die Zweckursache und die notwendig wirkende Ursache; und man muß möglichst beide berücksichtigen" [147]. „Die Aristotelische Biologie ist konstitutive Teleologie, sie konstatiert nicht bloß Zweckmäßigkeit, sondern sie erklärt und begründet durch den Zweck als durch einen den Prozeß bestimmenden Faktor" [148].

Von hier zum physikotheologischen Gedankengang — einem „Lieblingsgegenstand der Aufklärung" [149] — zum Schluß von der Zweckmäßigkeit der Welt auf einen zwecksetzenden „Weltschöpfer" oder „Weltbaumeister" ist es nur ein kleiner Schritt. ARISTOTELES hat diesen Schritt bewußt vermieden, indem er, worauf SCHOPENHAUER aufmerksam machte [150], stets sagte „die Natur schafft" und nie „die Natur wird geschaffen". Beim physikotheologischen Schluß wird nicht mehr „aus der zweckmäßigen Einrichtung der Natur im Ganzen und im Einzelnen ... bloß auf eine Ursache überhaupt, sondern auf eine intelligente Ursache geschlossen", wie SCHELLING feststellte [151]. Dazu meinte er weiter, daß man eine „zweifache Zweckmäßigkeit" unterscheiden müsse, „die bloß äußere, irgendeinem Werkzeug bloß äußerlich aufgedrückte, wie die Zweckmäßigkeit einer Maschine ist", und eine „innerliche Zweckmäßigkeit, die nur da stattfindet, wo, wie im Organischen, Form und Stoff unzertrennlich sind. Bei jener (der bloß mechanischen Zweckmäßigkeit) bleibt der Künstler oder Hervorbringer außer seinem Werk, bei dieser muß die künstlerische oder plastische Tätigkeit eine dem Stoff selbst innewohnende, mit dem Stoff verwachsene sein". Und er folgert weiter: „Nicht also die Voraussetzung einer intelligenten Ursache überhaupt oder im allgemeinen, sondern nur die Voraussetzung einer dem Stoff selbst innewohnenden intelligenten Ursache würde die Zweckmäßigkeit insbesondere der organischen Natur erklären" [151].

Auch Immanuel KANT wollte den physikotheologischen Schluß von der Zweckmäßigkeit der Welt auf einen zwecksetzenden „Weltbaumeister" nicht nachvollziehen. Er schrieb in seiner von seinen Zeitgenossen und den späteren Philosophen so unterschiedlich eingeschätzten „Kritik der Urteilskraft": „Wenn man also für die Naturwissenschaft den Begriff von Gott hineinbringt, um sich die Zweckmäßigkeit in der Natur erklärlich zu machen, und hernach diese Zweckmäßigkeit wiederum braucht, um zu beweisen, daß ein Gott sei: so ist in keiner von beiden Wissenschaften innerer Bestand" [152].

KANT lehnte eine „von außen" gesetzte und gesteuerte Zweckbestimmtheit in der Natur ab. Er distanzierte sich von der „konstitutiven" Teleologie im Sinne von ARISTOTELES. „Ein Ding seiner inneren Form halber als Naturzweck beurteilen", schreibt er, „ist etwas ganz anderes, als die Existenz dieses Dinges für Naturzweck halten" [153]. Als Naturzweck existiert ein Ding, wenn es, wie es weiter heißt, „von sich selbst Ursache und Wirkung ist" [154], wenn „ein jeder Teil, so wie nur durch alle übrigen da ist, auch als um der anderen und des Ganzen willen existierend, d. i. als Werkzeug (Organ) gedacht" wird [155]. Solche Dinge nennt KANT „organisierte Wesen" und betont: sie seien „nicht bloß Maschine" und die „einzigen in der Natur, welche, ... nur als Zwecke derselben möglich gedacht werden müssen" [155]. KANT ließ die Teleologie nur als Beurteilungsweise gelten, die unserer Erfahrung als Richtschnur diene. „Das spekulative Interesse der Vernunft", so schreibt er, „macht es notwendig, alle Anordnung in der Welt so anzusehen, als ob sie aus der Absicht einer allerhöchsten Vernunft entsprossen wäre". „Der Begriff eines Dinges, als an sich Naturzwecks, ist also kein konstitutiver Begriff des Verstandes oder der Vernunft, kann aber als ein regulativer Begriff für die reflektierende Urteilskraft sein" [155], folgert KANT. Die Teleologie als konstitutives Prinzip anzusehen, hielt er für verfehlt. Das würde bedeuten, so schrieb er, „eine neue Kausalität in die Naturwissenschaft einführen, die wir doch nur von uns selbst entlehnen und anderen Wesen beilegen, ohne sie gleichwohl mit uns gleichartig annehmen zu wollen".

GOETHE bekannte anerkennend [156], daß er KANTS „Kritik der Urteilskraft" eine „frohe Lebensepoche schulde": „Meine Abneigung gegen die Endursachen war nun geregelt und gerechtfertigt; ich konnte deutlich Zweck und Wirkung unterscheiden; ich begriff auch, warum der Menschenverstand beides oft verwechselt". In seinem „ersten Entwurf einer allgemeinen Einleitung in die vergleichende Anatomie" übernahm er fast wörtlich Formulierungen KANTS, indem er schrieb: „Jedes Geschöpf ist Zweck seiner selbst; alle seine Teile stehen in der unmittelbarsten Wechselwirkung". Und im „Faust" heißt es dazu:

„Wie alles sich zum Ganzen webt
Eins in dem andern wirkt und lebt!"

Ernst HAECKEL, der sich sehr gerne auf GOETHE berief, hat KANT dagegen hinsichtlich seiner Stellung zur Teleologie gründlich mißverstanden, wenn er KANT unterstellte, daß er „die verwickelten Erscheinungen in der organischen Natur" mit Hilfe einer „zweckmäßig wirkenden Endursache" habe erklären wollen [157], KANTS Teleologie also konstitutiv-erklärend und nicht regulativ-heuristisch auffaßte. KANT war kein Vitalist. Hans DRIESCH bezeichnete die Teleologie KANTS als „statisch" [158] und meinte KANT dahingehend berichtigen zu müssen, „daß man nicht bei deskriptiver, rein ‚regulativer' Teleologie in Hinsicht der Organisation stehen zu bleiben habe" [158]. Seine Gedanken mündeten bekanntlich in eine metaphysische Teleologie (E. MAYR [159]), den sogenannten Neovitalismus.

Die Schwierigkeit der Erklärung des Zweckmäßigen in der organischen Welt ohne eine Annahme eines Weltschöpfers und Weltbaumeisters, die KANT sehr deutlich gesehen hat, hat eine Reihe von Philosophen veranlaßt, die Zweckmäßigkeit überhaupt zu leugnen. So lehnte DEMOKRIT es ab, „von einem Zweck zu sprechen, und führte alles, dessen sich die Natur bedient, auf die Notwendigkeit zurück" (ARISTOTELES [160]). Ebenfalls der römische Dichter LUKREZ wäre hier zu nennen. In der Neuzeit taten sich die Philosophen Francis BACON, den MARX „den wahren Stammvater des englischen Materialismus und aller modernen experimentierenden Wissenschaft" genannt hat, und SPINOZA in dieser Weise hervor. Selbst der „große Führer der Aufklärung" VOLTAIRE hielt den physikotheologischen Gottesbeweis noch für unwiderleglich. Er argumentierte: „Jedes Werk, das Mittel und Zweck erkennen läßt, kündet von einem Schöpfer; also deutet das Weltall, zusammengesetzt aus Kräften und Mitteln, die alle ihren Zweck haben, auf einen allmächtigen und allwissenden Urheber. Das ist eine Wahrscheinlichkeit, die größter Gewißheit nahekommt" [161].

Die Teleologie machte in den Naturwissenschaften in der Zeit der bürgerlichen Aufklärung in Deutschland eine nochmalige Blüte durch. Diese Zeit „schwelgte in Zweckbetrachtungen aller Dinge und aller Einzelheiten der Dinge wie kaum je eine andere" [162], ohne jedoch gleichzeitig in einen Vitalismus zu verfallen. Ihr Exponent war Christian WOLFF. Für ihn war die Hauptabsicht der Welt die „Offenbarung der Herrlichkeit Gottes". Die Welt sei dazu da, bewundert zu werden und zu andächtiger Verehrung ihres Schöpfers anzuleiten.

Diese Teleologie als die „Lehre von der durchgängigen, geistig, ideell und letztlich göttlich bedingten Zweckbestimmtheit aller Bewegungen und Entwicklung in der Welt“ [146], wie sie von Christian WOLFF begrifflich eingeführt worden ist, fand viele Anhänger, aber auch Kritiker. Die anthropomorphistische, naive Auffassung von der durchgängigen Zweckmäßigkeit in unserer Welt wurde von VOLTAIRE in seinen „Candide“ ebenso wie von Heinrich HEINE in seiner „Harzreise“ und von dem mecklenburgischen Mundartdichter und Jenenser Burschenschaftler Fritz REUTER in seinem Gedicht „Moy inrich't“ aus „Läuschen und Riemels“ mit literarischen Hilfsmitteln der Lächerlichkeit preisgegeben. Bei HEINE finden wir folgende herrliche Charakteristik des Bürgers von Goslar:

> „Er machte mich auch aufmerksam auf die Zweckmäßigkeit
> und Nützlichkeit in der Natur. Die Bäume sind grün, weil
> grün gut für die Augen ist. Ich gab ihm recht und fügte
> hinzu, daß Gott das Rindvieh erschaffen, weil Fleischsuppen
> den Menschen stärken, daß er die Esel erschaffen,
> damit sie den Menschen zur Vergleichung dienen können,
> und daß er den Menschen selbst erschaffen, damit er
> Fleischsuppen essen und kein Esel sein soll. Mein Begleiter
> war entzückt, einen Gleichgestimmten gefunden
> zu haben, sein Antlitz erglänzte noch feudiger, und
> bei dem Abschiede war er gerührt.“

Durch das Werk DARWINS wurde der Teleologie „in der Naturwissenschaft nicht nur der Todesstoß gegeben, sondern der rationelle Sinn derselben empirisch auseinandergelegt“, wie Karl MARX in einem Brief an Ferdinand LASSALLE 1861 bemerkte [163]. „Die alte Teleologie ist zum Teufel“, schrieb Friedrich ENGELS [164]. Das bedeutete natürlich nicht, und kann nicht bedeuten, daß die Zweckmäßigkeit in der organischen Welt geleugnet wird. Sie ist eine Tatsache, die aber nicht mehr als letztlich göttlich bedingte Zweckbestimmtheit betrachtet wird, nicht mehr als ursprünglich und absolut, sondern als historisch im Evolutionsprozeß entstanden und durch Mutation, Rekombination und Selektion immer weiter vervollkommnet. „Ziele sind keine Voraussetzung dieser Genesis, sie sind ihre Folge“, schrieb Rupert RIEDL [165]. Ludwig BOLTZMANN war ein großer Bewunderer DARWINS. In seiner Antrittsvorlesung in Leipzig im Jahre 1900 führte er enthusiastisch aus: „Wir haben noch der wunderbarssten mechanischen Theorie auf dem Gebiet der biologischen Wissenschaften zu gedenken, nämlich der Lehre DARWINS. Die Erklärung der wunderbaren Schönheit der Blumen, des Formenreichtums der Insektenwelt, der Zweckmäßigkeit des Baues des menschlichen und tierischen Körpers, das alles wird hiermit zur Domäne der Mechanik“ [166]. Und HAECKEL schätzte in seinen „Welträtsel“ ein: „Seit DARWIN uns 1859 durch seine geistvolle Selektionstheorie den Schlüssel zur monistischen Erklärung der Organisation in die Hand gab, sind wir in den Stand gesetzt, die bunte Mannigfaltigkeit der zweckmäßigen Einrichtungen in der lebendigen Körperwelt ebenso auf natürliche mechanische Ursachen zurückzuführen, wie dies vorher nur in der anorganischen Natur möglich war" [167]. „Damit wurde das große philosophische Rätsel gelöst: Wie können zweckmäßige Einrichtungen rein mechanisch entstehen, ohne zwecktätige Ursache" [167].

„Keine andere Konsequenz der Darwinschen Theorie der natürlichen Auslese hat bei seinen Gegnern so große Bestürzung hervorgerufen wie die Ausschaltung der Planmäßigkeit aus der Natur", stellte Ernst MAYR fest [168]. DARWIN selbst hat diese Konsequenz gedanklich stark beschäftigt. In einem Brief an den großen amerikanischen Botaniker und bedeutendsten Vorkämpfer des Darwinismus in der Neuen Welt, Asa GRAY, äußerte er am 26. November 1860: „Ich bin mir dessen bewußt, daß ich mich in einer höchst hoffnungslosen Zwangslage befinde. Ich kann mir nicht vorstellen, daß die Welt, wie wir sie sehen, das Ergebnis von Zufall ist; und doch kann ich nicht jedes einzelne Ding als das Produkt eines schöpferischen Plans ansehen". Die Lösung dieses Zwiespaltes auf eine Kurzform gebracht muß heute lauten: In der organischen Natur gibt es weder Plan noch Absicht, die natürliche Auslese ist es, die dem Zufall a posteriori eine Richtung gibt, indem sie ihn bewertet und den Erfolg belohnt, aber niemals selbst für die Zukunft Ziele setzt.

Haben wir die Lebewesen in ihrer Prozeßhaftigkeit erst voll begriffen, nämlich als Systeme, die im ständigen Kampf gegen den Zerfall sich immer wieder neu aufzubauen haben, die ständig sich selbst erhalten müssen, so stellen wir fest, daß die Zweckmäßigkeit nicht etwas sein kann, was den Lebenserscheinungen „aufgepfropft" ist, sondern ein entscheidendes Merkmal des Lebensprozesses selbst. „Gehört ... die Selbsterhaltung" zum Begriff des Lebendigen, „so müssen notwendig auch die Mittel der Selbsterhaltung zu ihm gehören" (N. HARTMANN [169]). Selbsterhaltung setzt Zweckmäßigkeit der selbsterhaltenden, systemerhaltenden Prozesse voraus. Unzweckmäßiges würde die Existenz des Lebewesens früher oder später gefährden oder gar vernichten. „Da durch die Selektion Strukturen ‚herausgezüchtet' werden, die eine bestimmte arterhaltende Funktion besonders gut erfüllen, sehen sie im Enderfolg so aus", schrieb Konrad LORENZ, „als wären sie von einem weise voraussehenden und klug planenden Geist zu eben diesem Zwecke erschaffen" [170].

Das Begreifen der Zweckmäßigkeit als nicht von außen gesetzt, sondern als entscheidendes Merkmal aller lebenden Systeme, das sich im Optimierungsprozeß der Phylogenese herausbildet und immer weiter vervollkommnet, führt zu einer weiteren wichtigen Konsequenz, nämlich der, daß die Zweckmäßigkeit immer nur relativ und nie vollkommen sein kann. Die Natur steckt voller „Fehlkonstruktionen" und „Dysteleologien" (E. HAECKEL). „Auf Schritt und

Tritt begegnet der vergleichende Stammesgeschichtsforscher ‚Irrtümern' der Evolution, Fehlkonstruktionen von einer Kurzsichtigkeit, die man", so schrieb Konrad LORENZ, „keinem menschlichen Konstrukteur zutrauen würde" [171]. So ist es keineswegs sehr zweckmäßig, daß sich Luft- und Speisewege bei uns kreuzen. Ein komplizierter Apparat mußte zusätzlich „entwickelt" werden, der dafür sorgt, daß die Bissen nicht in den „falschen Hals" geraten, und trotzdem „verschlucken" wir uns hin und wieder. Es ist keineswegs sehr zweckmäßig, daß das Licht im Auge der Wirbeltiere erst durch die Schicht der Nervenzellen und Blutgefäße treten muß, um dann von hinten an die dem Licht abgekehrten photosensiblen Strukturen der Lichtsinneszellen zu gelangen. Es ist auch keineswegs sehr zweckmäßig, daß unsere Lunge nur eine Verbindung mit der Außenwelt hat, durch die die Luft eingesaugt und auch wieder ausgestoßen werden muß. Viel günstiger wäre ein Durchflußsystem. Der „Totraum" würde dann wegfallen, und es könnte durch Einführung einer „Gegenstromvorrichtung" zwischen Blut- und Luftstrom eine wesentlich effektivere Nutzung des Sauerstoffes erreicht werden.

Die alte Teleologie war tot, was blieb, war der durchgängige Tatbestand des Zweckmäßigen und Zielgerichteten im Organischen. Der Biologe kommt bei der Wiedergabe seiner Beobachtungen nicht ohne teleologische Formulierungen und Erklärungen aus, wie z. B.: Der Hund richtete sich auf und spitzte die Ohren, um besser hören zu können, oder: die Kompaßpflanzen (z. B. *Lactuca scariola*) stellen ihre Blätter vertikal in Nord-Südrichtung, um sie vor dem direkten Einfall des intensiven Mittagslichtes zu schützen, oder: die Robben (Pinnipedia) können die Nasenlöcher und den äußeren Gehörgang verschließen, um das Eindringen von Wasser zu verhindern, oder — schließlich — die auch bei uns heimischen fleischfressenden Sonnentauarten (*Drosera*) beginnen nach dem Fang eines Insekts mit der Ausscheidung einer pepsinartigen Protease, um die Beute zu verdauen. Die Biologen würden methodisch und heuristisch sehr viel verlieren, wenn sie auf solch eine Ausdrucksweise verzichten würden. Von einer teleologischen Erklärung sprechen wir generell dann, wenn ein Vorgang oder eine Struktur durch das Ziel (oder den Zweck) näher gekennzeichnet wird, das mit dem Vorgang oder der Struktur erreicht werden soll.

Im Gegensatz zur Physik sind in der Biologie Fragen nach dem Zweck nicht nur legitim, sondern von großer Bedeutung für den wissenschaftlichen Fortschritt. Das hat bereits 1842 — also 17 Jahre vor dem Erscheinen der „Entstehung der Arten" von DARWIN — der Philosoph LOTZE völlig richtig gesehen. Für ihn „hat Teleologie als Methode der Biologie nur den Wert einer Arbeitshypothese, die dem Aufsuchen kausaler Beziehungen dienen soll, und auf das entschiedenste betont er die Wichtigkeit strengster Trennung der kausalen und der teleologischen Betrachtung" [172]. In ähnlicher Weise äußerte sich 1881 der Philosoph C. SIGWART. Er schrieb: „So ist die teleologische Betrachtung eine Aufforderung, die causalen Beziehungen nach allen Seiten zu verfolgen, durch welche der Zweck verwirklicht wird. Sie hat die Bedeutung eines heuristischen Prinzips; denn die Voraussetzung, daß der Organismus zweckmäßig gebaut sei, nöthigt nach der Wirkungsweise jedes einzelnen Theils zu fragen und die Bedeutung seiner Form, seiner Structur und seiner chemischen Eigenschaften zu erkennen" [173]. Für Jacob VON UEXKÜLL ist „die Aufgabe des Biologen die Erforschung der Zweckmäßigkeit in den Lebenserscheinungen der einzelnen Tiere, da das Leben uns immer in der Form einer bestimmten, von der Natur gegebenen Zweckmäßigkeit entgegentritt" [174].

Man kann Ernst MAYR beipflichten, wenn er behauptet, daß es keine Übertreibung sei, daß weitaus die meisten großen Fortschritte in der Biologie dadurch möglich geworden seien, daß die Frage nach dem Zweck gestellt wurde [175]. Lassen Sie mich das an einem Beispiel aus der jüngsten Geschichte unserer Wissenschaft erläutern. Die schmerzstillende und betäubende Wirkung des Opiums, des eingetrockneten Milchsaftes aus den Kapseln des orientalischen Schlafmohns (*Papaver somniferum*), ist lange bekannt. Als dessen wichtigste Alkaloidkomponente wurde das Morphin identifiziert. Im Jahre 1971 gelang GOLDSTEIN und seinen Mitarbeitern der Nachweis spezifischer Opiat-Rezeptoren in der neuronalen Membran [176]. Die Anwesenheit stereospezifischer Opiat-Bindungsorte im Gehirngewebe war zunächst überraschend und warf die Frage nach deren Funktion auf. Es ist im höchsten Grade unwahrscheinlich, daß die Säugetiere spezifische Rezeptoren für Pflanzenalkaloide ausbilden, mit denen sie normalerweise niemals in Berührung kommen. Die einzige plausible Antwort auf die Frage nach dem Zweck dieser Strukturen konnte nur lauten: Es muß körpereigene Stoffe geben, die die Opiat-Rezeptoren besetzen können. Es begann eine intensive Suche nach diesen Stoffe, die vier Jahre später erfolgreich war und zu der Identifizierung der „Enkephaline", des Met^5- und des Leu^5-Enkephalins, durch HUGHES und Mitarbeiter führte [177]. Es handelt sich dabei um Peptide mit nur fünf Aminosäuren. Diese Entdeckung steht am Anfang der inzwischen weltweit mit größter Intensität betriebenen Forschung zur Identifizierung und physiologisch-pharmakologischen Charakterisierung weiterer „Neuropeptide", die eine zentrale Rolle im Nervensystem spielen.

Teleologische Erklärungen in dem oben gekennzeichneten Sinne setzen keinerlei besondere Vitalkräfte oder gar Finalursachen voraus. Es handelt sich dabei vielmehr lediglich um die Einordnung eines Teilprozesses oder einer Teilstruktur in einen allgemeineren Zusammenhang. UNGERER sagte: „die teleologische Methode anwenden heißt: die Vorgänge an den Organismen daraufhin untersuchen, wie weit ihnen der Charakter der Ganzheiterhaltung zukommt" [178]. Eine „echte" Teleologie im Sinne eines „zielintendierten" Vorganges, gibt es nur bei bewußten Handlungen, wobei zukünftige Zustände in bewußter

Absicht aktiv herbeigeführt werden. In der Biologie kann das Wort teleologisch nur im Sinne von zielgerichtet, aber nicht zielintendiert gebraucht werden.

Nun ist aber der Teleologie-Begriff durch seine lange Geschichte in vielen Köpfen stark vorbelastet, so daß die Gefahr seiner vitalistischen oder gar physikotheologischen Fehlinterpretation sehr groß ist. „Das spekulative Denken", schrieb Nicolai HARTMANN, „vermag die Welt in der Tat nicht anders vorzustellen als nach der Analogie menschlichen Tuns und Waltens, es findet seine Denkformen gewissermaßen gefangen in der Dependenzform des zweckvollen Tuns" [179]. Das ganze Dilemma hat HALDANE in einem sehr bekannt gewordenen Bonmot einmal folgendermaßen ausgedrückt: „Die Teleologie ist für den Biologen wie eine Mätresse: er kann nicht ohne sie leben, aber er will auch nicht mit ihr in der Öffentlichkeit gesehen werden". Carl Ernst VON BAER hat versucht, die Bezeichnung „zweckmäßig" für organische Vorgänge durch „zielstrebig" zu ersetzen, „weil sie weniger an einen gefaßten Entschluß erinnere" [180], was sich aber auch nicht durchgesetzt hat. Erst der 1958 von PITTENDRIGH [181] zur Abgrenzung gegen die „alte" Teleologie neu eingeführte neutrale Begriff der Teleonomie hat sich schnell eingebürgert; allerdings mit nicht ganz übereinstimmendem Inhalt, was z. T. daran liegen mag, daß PITTENDRIGH selbst den Inhalt des Begriffs nicht sehr präzise gekennzeichnet hat.

B. DAVIS [182] benutzt das Wort teleonomisch praktisch gleichbedeutend mit „Angepaßtheit". MONOD bezeichnet „alle Strukturen, alle Leistungen, alle Tätigkeiten, die zum Erfolg des eigentlichen Projekts beitragen", als teleonomisch. Dabei besteht das teleonomische Projekt bei ihm „im wesentlichen in der Übertragung des für die Art charakteristischen Invarianzgehalts von einer Generation auf die nächste" [183].

Für Ernst MAYR impliziert der Ausdruck teleonomisch Zielgerichtetheit. Er nennt aber nur solche Vorgänge und Verhaltensweisen teleonomisch, wenn sie ihr „Zielgerichtetsein dem Wirken eines Programms verdanken" [184]. Da das Programm, genetisch verankert oder durch Lernen erst erworben, etwas Materielles ist und bereits vor dem Beginn des teleonomischen Vorganges besteht, ist es auch, wie MAYR fortführt, mit einer kausalen Erklärung durchaus vereinbar [184]. Ich halte diese Begriffsbestimmung für sehr brauchbar und stimme MAYR auch darin zu, wenn er im Interesse einer klaren Terminologie vorschlägt, den Teleonomie-Begriff nicht auf Systeme — besser gesagt: morphologische Strukturen — auszudehnen, da die teleonomischen Phänomene im Zusammenhang mit ihrer Zielgerichtetheit immer Abläufe in der Zeit, Prozesse seien. Wo ist das „telos", auf das sich eine „teleonome" Struktur hinbewegt? „Die Quelle des Konflikts" sah MAYR richtig darin, daß zielgerichtet „nicht unbedingt dasselbe ist wie zweckmäßig" [184], und schlägt deshalb vor, zwischen „funktionalen Eigenschaften von Systemen" und der Teleonomie von Vorgängen zu differenzieren. Strukturen können an teleonomischen Abläufen beteiligt sein und sie erst ermöglichen, sie sind selber aber nicht teleonom. Nicht das Herz ist teleonomisch, sondern der durch es hervorgerufene Kreislauf des Blutes, der das Ziel hat, den Zweck verfolgt, alle Zellen ausreichend mit Sauerstoff und Nährstoffen zu versorgen, um den Organismus am Leben zu erhalten. Das Herz ist zwar für diese Aufgabe zweckmäßig strukturiert, es ist aber nicht zielgerichtet. In ähnlicher Weise nennt OSCHE [185] den „funktionellen, auf ein ‚Ziel' gerichteten Aspekt" teleonomisch. Teleonomie, sagt er, „ist ‚Leistung nach Plan'; sie wirkt zielgerichtet, ohne ‚Kenntnis' des Ziels, denn Teleonomie entsteht in der Evolution durch ‚zufällige' Mutationen und Selektion", und fügt hinzu: „Dieser mit den Begriffen ‚Funktion von arterhaltendem Wert' verbundene teleonomische Aspekt ist typisch für die Objekte der Biologie, er fehlt in anderen Naturwissenschaften völlig".

Eine Reihe von Autoren trifft diese Unterscheidung zwischen funktionalen Eigenschaften von Strukturen und der Teleonomie von Vorgängen nicht. So nennt z. B. WUKETITS alle „Strukturen *und* Funktionen mit systemerhaltendem (arterhaltendem) Charakter im Bereich des Lebenden" teleonomisch. Sie sind zielgerichtet, aber nicht zielintendiert und das Resultat einer in der Phylogenese erfolgten Optimierung des genetischen Programms [186]. Vollkommen wird die Sprachverwirrung, wenn SCHELLHORN [187] in Anlehnung an ČÍŽEK und HODÁŇOVÁ [188] von „zweckmäßig entstandenen Erscheinungen" spricht und die im Organischen typischen Adaptationen als „nicht zweckmäßig entstanden", jedoch „zweckmäßig wirkend" klassifiziert.

9. Physik und Biologie

An dieser Stelle ist es angebracht, etwas zum Verhältnis der Physik zur Biologie zu sagen. Es hat sich tausendfach bestätigt, daß alle in der anorganischen Natur vorhandenen Kräfte und waltenden Gesetze im Bereich des Organischen nicht außer Kraft gesetzt werden können, sondern auch dort ihre uneingeschränkte Gültigkeit behalten.

Jeder Versuch — und die Geschichte der Biologie weist derer viele auf — die komplexen Leistungen der Organismen auf Grund noch nicht vorhandener ausreichender Einsichten in das Geschehen durch ein vitalistisches Prinzip, einen hypothetischen Faktor „erklären" zu wollen, mußte früher oder später scheitern und ist gescheitert, sei es der „spiritus seminalis" bei William HARVEY, die „Seele" bei Georg Ernst STAHL, der „impetus faciens" bei Hermann BOERHAAVE, der „nisus formativus" bei Johann Friedrich BLUMENBACH, die „Lebenskraft" bei Marie Francois Xavier BICHAT, die „diaphysische Kraft" oder „Dominanten" bei Johannes REINKE, der „elan vital" bei BERGSON oder die „Entelechie" bei Hans DRIESCH. Es kann hier nicht der Ort sein, die interessante Geschichte vitalistischer Anschauungen in der Biologie aufzuzeigen. Das ist in vortrefflicher Form durch Hans DRIESCH in seinem Buch „Der Vitalismus als Geschichte und als Lehre“ (1905) geschehen.

Allgemein kann festgestellt werden, daß in der Geschichte mit zunehmender Kenntnis biologischer Sachverhalte der Bereich, in dem man das Walten vitaler Faktoren für gegeben hielt, schrittweise eingeschränkt wurde. Die ältesten Vitalisten — wie Georg Ernst STAHL, HUFELAND u. a. — behaupteten von ihrer Lebenskraft noch, daß sie „die Fähigkeit des organischen Körpers sei, selbst die Kräfte, Gesetze und Verhältnisse der chemischen Natur zu verändern, zum Teil ganz aufzuheben, zum Teil zu modifizieren“ [189]. Als vornehmlich durch die Arbeiten des schwedischen Chemikers BERZELIUS eine Menge von Stoffen bekannt wurde, die nur in Lebewesen anzutreffen waren und deshalb „organische Stoffe“ genannt wurden, glaubte man, einen deutlichen Beweis für die Sonderstellung des Lebens gefunden zu haben. Diese organischen Stoffe, so schloß man, können nur mit Hilfe einer den Lebewesen innewohnenden Lebenskraft entstehen. Eine chemische Synthese dieser Stoffe hielt man nicht für möglich. „Was sich in den Gefäßen organischer Körper aus den Grundstoffen bildet, das macht kein Chemiker in Kolben und Schmelztiegeln nach“, hieß es bei GREN (1797). Diese Auffassung würde durch WÖHLERS Harnstoffsynthese (1828) widerlegt. Eine weitere Niederlage erhielt der Vitalismus, als es Eduard BUCHNER im Jahre 1897 gelang, aus zerriebenen Hefezellen unter hohem Druck einen Saft herauszupressen, der frei von lebenden Zellen war und trotzdem die Vergärung des Zuckers in Alkohol und Kohlendioxid leistete. Louis PASTEUR glaubte noch, daß die Zersetzung des Zuckers nur von den lebenden Hefezellen geleistet werden könne. Schließlich sei an die bahnbrechenden Arbeiten M. RUBNERS erinnert, der eindeutig zeigte, daß die Gesamtenergie aller im Stoffwechsel in einem Zeitraum zersetzten Substanzen gleich groß ist wie die in demselben Zeitraum als Wärme abgegebene Energie, d. h. die Gültigkeit des Energieerhaltungssatzes auch im Organischen nachwies. „Um zu überleben“, schreibt Jacques MONOD in seinem viel diskutierten Buch „Zufall und Notwendigkeit“, „hat der Vitalismus es nötig, daß in der Biologie, wenn nicht wirkliche Paradoxa, so doch zumindest ‚Geheimnisse‘ erhalten bleiben“ [190]. Es ist interessant zu beobachten, wie die Vitalisten immer wieder versuchen, neue Bastionen aufzubauen. Man wird an die Äußerung GOETHES in den „Maximen und Reflexionen“ erinnert: „Eines nur sei hier ausgesprochen: daß wir sogar anerkannte Irrtümer aus der Wissenschaft nicht loswerden. Die Ursache hiervon ist ein offenbares Geheimnis“.

Es hat nicht einmal einen heuristischen Wert, und wenn, dann eher einen negativen, wenn — wie es der Vitalist tut — das Rätselhafte des Lebendigen dadurch zu „erklären“ versucht wird, daß man einen Faktor oder ein Prinzip postuliert, das genau so rätselhaft und unbekannt ist, wie das zu Erklärende.

Diesem Faktor werden alle Eigenschaften beigegeben, die ihn geeignet machen, die betrachteten Erscheinungen des Lebens verständlich zu machen. „Eine Übertragung der rätselhaften Züge des Organischen auf gewisse unbekannte Faktoren, die zur Erklärung konstruiert werden, verschiebt bloß die Frage, aber löst sie nicht" [191]. Was soll man mit solch einem Faktor wie der „Entelechie" DRIESCHS anfangen, von der es in der „Philosophie des Organischen" heißt: „Entelechie ist ein elementarer Faktor der Natur, aufgestellt zur Erklärung einer gewissen Klasse von Naturvorgängen" [192]. Er „ist nicht Energie, nicht Kraft, nicht Intensität und nicht Konstante [193] und keine Substanz" [194]. Ihm „fehlen alle quantitativen Kennzeichen" [195]. „Er ist nicht irgendwie räumlich, hat keinen Sitz im Raum und hat keine Ausdehnung, er wirkt nur in den Raum hinein" [196]. Er ist aber auch „nicht psychischer Natur" [197]. Die Entelechie, so heißt es an anderer Stelle ist „ein teleologisch wirkender Naturfaktor". „Sie ist eine intensive Mannigfaltigkeit und vermag auf Grund ihrer inhärenten Verschiedenheiten den Betrag an Verschiedenheiten in der organischen Welt zu vermehren, soweit Verschiedenheiten der Verteilung in Betracht kommen; sie wirkt durch Suspension möglichen auf gegebene Potentialdifferenzen basierten Geschehens und durch Aufheben solcher Suspensionen. Es gibt nichts, was ihr gleich ist, in der organischen Welt" [193]. Sie „kann ihre spezifische intensive Mannigfaltigkeit bewahren, mag sie auch in zwei oder mehr Teile verteilt werden" [194]. Sie „kontrolliert nicht nur die Atmung, sondern auch ‚Assimilation' und ‚Dissimilation': ohne sie würde es zum Chaos chemischer Prozesse kommen und Organisation wie Funktion würden bald gestört werden" [198].

Jede Annahme entelechialer Faktoren und damit jeder Vitalismus führt letzten Endes — obwohl von DRIESCH ausdrücklich bekämpft — zum Psychismus (Psychovitalismus) und Mystizismus. Der Begriff der Lebenskraft hat mit dem physikalischen Kraftbegriff nichts zu tun. Er wird vielmehr in anthropomorphistischer Weise zur Kennzeichnung einer einzigen Ursache benutzt, die die vielen im Organismus ablaufenden Vorgänge so miteinander verketten und aufeinander abstimmen soll, daß die harmonische Ganzheit des Organismus hergestellt und erhalten wird. „Ein solcher Kraftbegriff stammt aus der substantiellen Seelenlehre. Denn allein aus dem inneren Erleben einer bewußten Handlung kommen wir zu der Vorstellung, daß alle möglichen gewollten Vorgangsfolgen durch *einen* ‚Entschluß' in Gang gesetzt werden, hinter dem das Ich als lenkende psychische Kraft steht" (ROTHSCHUH).

Wissenschaftshistorisch interessant ist, daß — wie allgemein bekannt — Robert MAYER im Jahre 1840 als Schiffsarzt in holländischen Diensten in Surabaya auf Grund von Beobachtungen an Patienten, also an Lebewesen, zur Entdeckung eines Grundgesetzes der Physik, der Gesetzes von der Äquivalenz von Arbeit und Wärme geführt wurde. Er beobachtete bei Aderlässen, daß „das aus der Armvene gelassene Blut eine ungemeine Röte hatte, so daß ich der Farbe nach glauben konnte, eine Arterie getroffen zu haben", wie er selber schrieb [199]. Die Ursache für die hellere Färbung des venösen Blutes sah er darin, daß infolge der hohen Umgebungstemperaturen im Körper weniger Energie und damit weniger Sauerstoff umgesetzt zu werden braucht, weil weniger Wärme für die Erhaltung der Körpertemperatur notwendig sei. Weniger bekannt ist, daß auch HELMHOLTZ bei der Formulierung seines Energieerhaltungssatzes von biologischen Fragestellungen ausging. Er schrieb: „Nach STAHL sind die Kräfte, die im lebenden Körper wirken, physikalische und chemische Kräfte der Organe und Stoffe, aber irgendeine dem Körper innewohnende Lebensseele oder Lebenskraft kann ihre Tätigkeit hemmen oder fördern ... Ich fand, daß die Theorie von STAHL jedem lebenden Körper die Eigenschaft eines sogenannten perpetuum mobile zuschrieb ... So stieß ich auf die Frage, welche Beziehungen zwischen den verschiedenen Kräften der Natur existieren müssen, falls man annimmt, daß das perpetuum mobile allgemein unmöglich ist ..." [200].

Die Ablehnung vitalistischer Prinzipien oder Faktoren bei der Interpretation des Lebendigen bedeutet nicht, daß alle biologischen Phänomene restlos auf die in der gegenwärtigen Physik und Chemie bekannten Gesetzmäßigkeiten zurückführbar seien, daß die Physiologie „nichts anders" als die Physik und Chemie der Organismen sei, wie es z. B. Erwin BÜNNING meint. Für ihn „bedeutet der Entschluß, biologische Forschung zu betreiben, eine Anwendung der Überzeugung, daß die organischen Vorgänge sich restlos aus einer Wechselwirkung physikalischer und chemischer Faktoren erklären lassen. Wer bezweifelt, daß sich das räumlich und zeitlich meßbare organische Geschehen restlos mit den Mitteln der Physik und Chemie erklären läßt", so meint er, „entzieht damit der experimentellen Biologie zugleich *völlig* ihre Grundlage; denn niemand sagt uns vor dem Forschen, ob und wie weit wir von jener Überzeugung ausgehen dürfen" [201]. Der hier zum Ausdruck gebrachte Standpunkt eines konsequenten Mechanismus ist ebenso wenig haltbar wie der des Vitalismus. Ludwig VON BERTALANFFY weist wie viele andere Kritiker des Mechanismus auch (siehe Julius SCHAXEL [202]) mit vollem Recht auf den Widerspruch hin, daß der Mechanist „auf der einen Seite mit Ausdrücken wie Organismus, Funktion, Determination, Pathologie, Norm, Anpassung, Auslese und vielen anderen operiere (lauter Ausdrücke, welche auf nicht restlos in physiko-chemischer Beschreibung erfaßbare Merkmale des Lebendigen hindeuten), und doch auf der anderen Seite fortwährend betone, daß in den Lebensvorgängen keine andere als die physiko-chemische Gesetzlichkeit herrsche, und daß es keine andere Art wissenschaftlicher Forschung gebe, als die physiko-chemische" [203].

Jacques MONOD hat die lebenden Systeme „diese seltsamen Objekte" genannt und PRIGOGINE fügte hinzu: „Verglichen mit der ‚unbelebten' Welt sind sie in der Tat sehr seltsam" [204]. Jede „einzelne Zelle", schrieb der Physiker Werner EBELING, ist „bereits unermeßlich viel komplizierter als alle traditionellen Objekte der Physik" [205]. In ähnlicher Weise äußerte sich einmal der Physiker und Philosoph Carl Friedrich VON WEIZSÄCKER. Er meinte: „Die Physiker haben sich die einfachsten Probleme ausgesucht, die es überhaupt gibt, dagegen die Biologen vielleicht die interessantesten; aber die interessantesten Probleme sind nicht notwendigerweise die einfachsten" [206]. Das ist auch der Grund für die zur Zeit noch bestehende „Unsymmetrie zwischen beiden Wissenschaften" [206]. Die Physik ist in der theoretischen Durchdringung und Vereinheitlichung ihrer Aussagen der Biologie zur Zeit weit voraus, dafür beziehen sich ihre Aussagen aber auf sehr eng gezogene Bereiche unserer Gesamtwirklichkeit. Belebtes und Unbelebtes unterscheiden sich ja nicht allein quantitativ hinsichtlich ihres Komplexitätsgrades, sondern — und das ist wesentlicher — auch qualitativ voneinander. Die Objekte der Biologie, alle Organismen, sind das Ergebnis einer langen Evolution von mehr als drei Milliarden Jahren, sind etwas gesetzmäßig im Wechselspiel von Mutation, Rekombination und Selektion historisch Gewordenes, sind Objekte mit einem genetischen Programm und einer internen Zweckmäßigkeit. Sehr schön hat Max DELBRÜCK einmal seinen Eindruck wiedergegeben, den er hatte, als er sich als Physiker mit biologischen Objekten konfrontiert sah. Er schrieb: „Ein erfahrener Physiker, der zum ersten Mal die Probleme der Biologie kennenlernt, findet es unfaßbar, daß es in der Biologie keine ‚absoluten Phänomene' gibt. Alles ist zeitgebunden und raumgebunden. Das Tier, die Pflanze oder der Mikroorganismus, mit dem er arbeitet, ist nichts als ein Glied in einer Evolutionskette sich wandelnder Formen, von denen keine eine bleibende Gültigkeit besitzt" [207].

Während alle Gesetze der gegenwärtigen Physik und Chemie in irgendeiner Weise auch in der Biologie Berücksichtigung finden müssen und finden, haben sich die anorganischen Wissenschaften, hat sich die Physik im weitesten Sinne des Wortes unabhängig und außerhalb von der Biologie entwickelt. In der Physik spielen dynamische Systeme mit einem internen teleonomischen Programm keine Rolle. Die Physik kennt den Begriff der Zweckmäßigkeit und Evolution durch Mutation und Selektion nicht. In ihr gibt es deshalb auch keine Fragen nach dem „Wozu". Die Position des Physikers im Rahmen der Zusammenarbeit mit dem Biologen bei der Lösung des außerordentlich komplexen Geschehens der Evolution haben NICOLIS und PRIGOGINE aus ihrer Sicht einmal sehr anschaulich umschrieben: „Wir befinden uns", so sagten sie, „in gewissem Sinne in der Position des Besuchers von einem anderen Planeten, der auf ein Vorstadthaus stoßend, dessen Ursprung verstehen möchte. Natürlich steht das Haus nicht im Widerspruch zu den Gesetzen der Mechanik, denn sonst würde es zusammenbrechen. Aber das ist nicht die Hauptsache, von eigentlichem Interesse ist nämlich die verfügbare Technologie der Hausbauer, die Bedürfnisse der Bewohner usw. Das Haus kann außerhalb der Kultur, in die es eingebettet ist, nicht verstanden werden" [208]. Und Werner EBELING fügte hinzu: „Der Physiker ist der Statiker beim Bau des Evolutionsgebäudes, er kann wichtige Zuarbeit leisten, muß sich jedoch bei den entscheidenden Fragen von Sinn, Zweck und Funktion den Auffassungen der Architekten anschließen" [209]. Was hier für die Evolutionsbiologie gesagt worden ist, gilt sinngemäß für jede Zusammenarbeit zwischen Physikern und Biologen.

Erwin SCHRÖDINGER mußte bei seinen Betrachtungen der „lebenden Zelle mit den Augen des Physikers" feststellen: „Nach allem, was wir von der Struktur der lebenden Zelle gehört haben, müssen wir darauf gefaßt sein, daß sie auf eine Weise wirkt, die sich nicht auf die gewöhnlichen physikalischen Gesetze zurückführen läßt, und zwar nicht deswegen, weil eine ‚neue Kraft' oder etwas Ähnliches das Verhalten der einzelnen Atome innerhalb eines lebenden Organismus leitete, sondern weil sich dessen Bau von allem unterscheidet, was wir je im physikalischen Laboratorium untersucht haben" [210]. Und er fährt fort: „Eine einzelne nur in einem einzigen Exemplar vorhandene Atomgruppe ist Ausgangspunkt geordneter Vorgänge, die in wunderbarer Weise und nach höchst subtilen Gesetzen aufeinander und auf die Umwelt abgestimmt sind" [210]. „Weder Physiker noch Chemiker sind bei der Erforschung unbelebter Materie je auf Erscheinungen gestoßen, die sie auf diese Weise hätten deuten müssen. Da der Fall nie eingetreten ist, erfaßt ihn unsere Theorie auch nicht — unsere schöne statistische Theorie, auf die wir mit Recht so stolz waren" [210].

Die Physik beginnt erst in unseren Tagen, sich von einer „Wissenschaft vom Sein" durch Einbeziehung von Zeit und Irreversibilität in die formale Struktur der Dynamik zu einer „Wissenschaft vom Werden" zu entwickeln, um die Formulierung PRIGOGINES zu verwenden [211]. Damit rückt sie mit ihren Aussagen wesentlich näher an die Biologie heran, die mindestens seit DARWIN und HAECKEL bereits eine „Wissenschaft vom Werden" ist, in der die Geschichte zum integrierenden Bestandteil gehört. PRIGOGINE schätzte noch vor fünf Jahren ein: „Die Bewegung ist das einzige, was die klassische Physik von den Veränderungen, die sich in der Natur vollziehen, beibehalten hat. Infolgedessen ist in der klassischen Physik alles gegeben: Die Veränderung ist nichts als eine Verleugnung des Werdens und die Zeit lediglich ein Parameter, der von den Veränderungen, die sie beschreibt, unabhängig ist. Das Bild einer stabilen Welt, einer Welt, die dem Prozeß des Werdens sich entzieht, ist bis heute das Ideal der theoretischen Physik geblieben" [211].

Sollte jemals die Physik und Biologie zu einer Wissenschaft verschmelzen, so wäre es auf keinen Fall eine „Reduktion" der Biologie auf die Physik, wie man immer wieder diskutiert, sondern eine Angleichung beider Wissenschaften. Es müßte eine wesentlich erweiterte Physik sein, die eher — wie Georg

WALD einmal sagte [212] — zu einer Biologie herangereift sein wird als umgekehrt die Biologie zu einer Physik. In entsprechender Weise äußerte sich auch einmal Werner HEISENBERG. Er schrieb: „Ähnlich wie früher in der Chemie lernt man aus den einfachsten biologischen Erfahrungen, daß die lebendigen Organismen einen Grad von Stabilität zeigen, den allgemeine komplizierte Strukturen, die aus vielen verschiedenen Molekülen zusammengesetzt sind, sicherlich nicht einfach auf Grund der physikalischen und chemischen Gesetze besitzen könnten. Deshalb muß den physikalischen und chemischen Gesetzmäßigkeiten etwas hinzugefügt werden, bevor man die biologischen Erscheinungen vollständig verstehen kann" [213].

Hiermit haben wir die in der Gegenwart viel diskutierte Frage des Reduktionismus berührt. Jacques MONOD bezeichnete den Streit zwischen „Reduktionisten" und „Organizisten" bzw. „Holisten" als einen „sehr üblen und sehr dummen, der auf seiten der Holisten nur von einer tiefen Unkenntnis der wissenschaftlichen Methode und der wesentlichen Rolle zeugt, die darin die Analyse spielt" [214]. Sicher muß man MONOD in dem Sinne beipflichten, daß der Reduktionismus als Forschungsprogramm, der sog. pragmatische Reduktionismus „nicht nur wichtig, sondern ein Teil des Programms jeder Naturwissenschaft" [215] ist und bleiben muß. Ja, es besteht sogar „ein außerordentlich fruchtbares Arbeitsprinzip in der Biologie darin, so vorzugehen, als käme man mit der rein physikalischen Beschreibung der lebenden Organismen aus", meinte Klaus FUCHS-KITTOWSKI [216].

Schädlich für den wissenschaftlichen Fortschritt wird es aber, wenn sich der Reduktionismus „den Charakter eines wohlwollenden Absolutismus verleiht und ihm das Monopol für die Erklärung jeglicher Phänomene in lebenden Systemen zuschreibt, wenn man gar den Gebrauch anderer als molekularer Prinzipien bei der Beschreibung biologischer Systeme verbietet" [217], wenn aus dem pragmatischen ein „ontologischer Reduktionismus" (Donald MACKAY) wird. Ebenso falsch ist es, die Betrachtung der Ganzheit zu verabsolutieren und in ihrer Bedeutung vor die Analyse der Teile zu stellen, wie es die Vertreter des Holismus versuchten. Die wissenschaftliche Erforschung des Lebendigen braucht die Analyse ebenso dringend wie die Synthese. H. J. JORDAN hat das in seiner „Allgemeinen Vergleichenden Physiologie der Tiere" einmal sehr schön auf die Kurzformel gebracht: „Viel Analyse, bescheiden in der Synthese und als Ziel das Leben als Ganzes".

„Für die Ziele der Wissenschaft Biologie ist entscheidend, daß nicht durch theoretische Vorwegnahme der einen wie der anderen Art eine Problemblindheit eintritt. Weder dürfen dem Ziel der Rückführung auf die physikalischen und chemischen Voraussetzungen zuliebe die für das organische Leben kennzeichnenden Ordnungszüge bagatellisiert, als ‚vorläufig' hinwegzudeuten gesucht werden, noch von der Betonung dieser Sonderordnung des organischen

Lebens aus der physikalisch-chemischen Analyse der Einzelgegebenheiten eine Grenze gesetzt werden", schrieb Emil UNGERER [218].

Sicher sollte man in der Biologie auch weiterhin den pragmatischen Reduktionismus so weit wie möglich treiben. Die Früchte, die dieses Vorgehen in der Molekularbiologie getragen hat und gegenwärtig noch trägt, sind Anlaß genug dafür. Daneben sollte man aber auch die Bedeutung ganzheitlicher Betrachtungsweisen von Systemen in ihrem Beitrag zum tieferen Verständnis biologischer Sachverhalte nicht unterschätzen, wie es die systemtheoretischen Untersuchungen gezeigt haben und noch zeigen. Fest steht: „Der Reduktionist gewinnt immer mehr Informationen über Fragmente, verliert aber zugleich Information über die größeren Ordnungen, die er hinter sich läßt", wie Paul WEISS es formulierte [217]. GOETHE läßt seinen Mephistopheles sagen:

„Wer will was Lebendigs erkennen und beschreiben,
Sucht erst den Geist herauszutreiben.
Dann hat er die Teile in seiner Hand,
Fehlt leider! nur das geistige Band.
Encheiresin naturae nennt's die Chemie,
Spottet ihrer selbst, und weiß nicht wie".

Man muß Max HARTMANN schon zustimmen, „daß wir auch nach völliger Erklärung der Einzelvorgänge vom vollen Verständnis des Gesamtstoffwechsels einer Zelle noch himmelweit entfernt sind" [219]. Ein System vollständig aus seinen Teilen erklären oder — mit anderen Worten — vollständig auf die Eigenschaften seiner Teile zurückführen zu wollen, muß scheitern, denn ein System ist mehr als die Anhäufung der es aufbauenden Teile. Es entstehen, „Schicht für Schicht aufbauend, aus deren Teilen neue Qualitäten, neue Systembedingungen ..., welche auch in Ansätzen in den Komponenten nicht enthalten sind. Beispielsweise hat die Feststellung Sinn, daß die 10^{11} ‚kleinen grauen Zellen', welche unser Gehirn enthält, denken. Aber zu behaupten, daß deshalb eine dieser Zellen denkt, ist glatter Unsinn", argumentierte Rupert RIEDL zu Recht [220]. Der Berliner Philosoph Klaus FUCHS-KITTOWSKI schätzt die Zusammenhänge völlig richtig ein, wenn er schreibt [221]: „Die biologische Bewegungsform der Materie läßt sich als physikalisch-chemische Bewegung erklären, jedoch, und das ist das Entscheidende, auf einer neuen höheren Ebene der Komplexität (des gesamten Niveaus der Organisation) des Systems, einer stärkeren inneren Determination und damit qualitativ unterschieden von der einfachen physikalisch-chemischen Bewegung der Materie. Die biologischen Gesetzmäßigkeiten widersprechen nicht den einfachen Gesetzen des Verhaltens auf niederer Ebene, lassen sich jedoch auch nicht auf diese reduzieren, da sie gegenüber den einfacheren physikalisch-chemischen Gesetzen integralen Charakter tragen". Das bedeutet nicht, daß die biologischen Gesetze lediglich als Ergänzung der physikalisch-chemischen aufzufassen sind. Dieses „Konzept der verallgemeinerten Komplementarität" (FUCHS-KITTOWSKI) ist ebenso falsch wie der ontologische Reduktionismus. „Spezifische Struktur, Ganzheit, Komplexität und Variabilität sind für das lebende System charakteristisch, sie sind nicht etwas Zusätzliches, sondern etwas, das den rein physikochemischen Prozeß modifiziert" [221].

Dem ontologischen Reduktionismus liegt — wie Konrad LORENZ betont — die Position zugrunde, ein Phänomen sei „nichts anderes als", wofür Julian HUXLEY das schöne Wort „Nothingelsebuttery" geprägt hat [222], das Resultat der Wechselwirkungen seiner Elemente. Sätze wie: Wasser ist nichts anderes als zweimal Wasserstoff und einmal Sauerstoff, oder alle Lebensvorgänge seien nichts anderes als chemisch-physikalische Vorgänge, sind in dieser Form nicht zu akzeptieren. Sie lassen eine wesentliche Gegebenheit außer acht, nämlich die, daß ganz neue Systemeigenschaften einfach dadurch entstehen können, daß vorher unabhängig voneinander existierende Elemente, die für sich allein diese Eigenschaften nicht im Ansatz zeigten, sich zu einem funktionellen System zusammenschließen. Auch heute noch — insbesondere unter Molekularbiologen, Biochemikern und Genetikern, weniger bei Neurobiologen, Physiologen, Ökologen und Ethologen — findet man Positionen des ontologischen Reduktionismus. So kann man in dem bekannten Buch „Die Logik des Lebendigen" von Francois JACOB die Sätze finden: „So komplex er auch sein mag, ein Organismus stellt nie mehr als die Summe seiner Elementarteile dar. Nicht der Organismus, sondern seine einzelnen Bestandteile sollen, soweit möglich, befragt werden" [223].

Der Reduktionismus ist nicht vorrangig ein „terminologisches Problem", die Eigenständigkeit der Biologie beruht nicht vorrangig darin, daß „für die Theorienbildung in der Biologie Begriffe gebraucht werden, die in den Theorien der Physik, etwa der Quantentheorie, keine Rolle spielen", wie Hans MOHR meinte [224]. Wesentlicher scheint mir, daß hinter den Begriffen Sachverhalte stehen, die durch sie gekennzeichnet werden. Diese machen doch in erster Linie die Eigenständigkeit der Biologie als Wissenschaft gegenüber der Physik und Chemie aus und nicht die Termini, die von den Wissenschaftlern geprägt werden.

„Mich hat immer wieder erstaunt", schreibt John Tyler BONNER [225], „daß Holismus und Reduktionismus die Gemüter der Gelehrten so stark erregen sollen. Sie sind nach alledem doch nur die philosophische Beschreibung der Methoden, die die verschiedenen Wege der wissenschaftlichen Erkenntnisgewinnung charakterisieren. Die Reduktionisten neigen dazu, alle Holisten zu verachten, da sie meinen, sie alleine besäßen den Schlüssel zum Universum. Die Holisten dagegen wissen, daß ihnen ihre Methode tiefgehende Einblicke vermittelt, wobei sie all der Reichtümer gewahr werden können, die einem einseitig ausgerichteten Reduktionisten entgehen. Im Prinzip wäre es ein Leichtes, Reduktionist und Holist auf einmal zu sein, doch liebt es die menschliche Natur ... Stellung zu beziehen, wobei die Möglichkeit völlig außer Acht gelassen wird, daß es sich in einigen Fällen keineswegs um echte Anti-Thesen der ‚Entweder-Oder'-Kategorie handelt, sondern um solche, die sich gegenseitig ergänzen". So gesehen — leider hat es MONOD aber so nicht gemeint — ist der Streit zwischen Reduktionisten und Holisten tatsächlich ein „sehr übler" und „sehr dummer" Streit. Im Prinzip kommt keiner ohne den anderen in der Biologie auf die Dauer aus.

10. Schluß

Ich komme zum Schluß meiner Ausführungen und kehre gleichzeitig zum Ausgangspunkt zurück. Wir haben uns eine Frage gestellt, die Frage nach der „Erscheinung des Lebendigen in unserer Welt" und ich habe versucht, mir wichtig erscheinende Aspekte dieser Frage aus der Sicht des Biologen und nicht des Philosophen — obgleich sich beides nicht immer streng trennen läßt — auf der Grundlage unseres gegenwärtigen, mehr oder weniger gesicherten Wissens zu beantworten.

Ein gewisser — wenn auch keineswegs absoluter — Unterschied zwischen Einzelwissenschaft und Philosophie ist, wie Carl-Friedrich VON WEIZSÄCKER einmal ausführte [226], darin zu sehen, daß der Naturwissenschaftler sich bei seiner wissenschaftlichen Forschung selbst Beschränkungen auferlegt. Er konzentriert sich vornehmlich auf solche Fragen, von denen er meint, daß er sie auch mit den ihm zur Verfügung stehenden Hilfsmitteln zumindest teilweise beantworten kann, und klammert solche Fragen weitgehend aus, die noch „zu weit weg von dem liegen, wonach man greifen kann".

Für MEDAWAR ist deshalb Naturwissenschaft auch die „Kunst des Lösbaren" [227]. Und GADAMER sprach von einer „methodischen Askese" [228], die wir üben müssen. Deshalb werden auch die Antworten, die ein Naturwissenschaftler auf bestimmte Fragen geben kann, nicht immer befriedigen. Das liegt in der Natur der Sache. Da macht auch die Charakterisierung des Phänomens des Lebendigen auf unserer Erde keine Ausnahme. Sehr viel wissenschaftliche Arbeit ist auch hier noch notwendig, um das Phänomen in seinem Ursprung, in seiner Eigenart sowie in seiner Stellung im Gesamtgeschehen der Natur erschöpfender und tiefgründiger zu verstehen. Für Karl POPPER ist das „größte Rätsel der Kosmologie weder der Urknall noch das Problem, warum es überhaupt etwas und vielmehr nicht nichts gibt, sondern daß das Universum in einem gewissen Sinne kreativ ist: daß es Leben schuf und daraus etwas Geistiges — unser Bewußtsein — welches das Universum erhellt und seinerseits schöpferisch ist" [229].

Manfred EIGEN berichtete einmal davon, daß der bekannte Göttinger Physiker Robert Wichard POHL in seinen Vorlesungen nach Klarlegung eines Sachverhaltes zu sagen pflegte: „Und darüber kann man sich gar nicht genug wundern.“ Und er schrieb weiter: „Das Eindrucksvolle war, daß er den Satz aussprach, nachdem alles aufgeklärt schien, nachdem man gerade glaubte, sich nicht mehr wundern zu müssen“ [230]. Hier wird nach meiner Meinung ein ganz wesentlicher Punkt für jeden, der Wissenschaft betreibt, angesprochen. Das Wort „Sichwundern“ ist ähnlich wie der Begriff der Teleologie im Laufe der Kulturgeschichte bei vielen in Mißkredit geraten. Es wird nur zu gern und voreilig in Zusammenhang mit einem Wunderglauben, mit einem Glauben an Wunder gebracht, so daß viele Wissenschaftler das Wort überhaupt nicht mehr in den Mund zu nehmen wagen, um nicht in den Verdacht zu geraten, wundergläubig zu sein. Beginnt aber nicht jede wissenschaftliche Beschäftigung mit einer Frage, und geht nicht jeder Frage das Sichwundern, das Staunen über einen Sachverhalt voraus? Hat nicht ARISTOTELES schon Recht gehabt, wenn er das „Sichwundern“ als den Anfang aller Wissenschaft bezeichnete? Wer sich nicht wundern kann — so meine ich — kann auch keine neuartigen Fragen in der Wissenschaft stellen. „Die Existenz einer so wohl geordneten Natur“, sagte Erwin BÜNNING, „wird mit ihrer zunehmenden Entschleierung durch die nüchterne naturwissenschaftliche Analyse immer erstaunlicher“ [43].

Diese sicherlich unbestreitbare Tatsache muß uns Richtschnur und Maßstab zugleich bei der Ausbildung zukünftiger Wissenschaftler sein. Ich neige zu der Ansicht, daß wir den jungen Wissenschaftler an den Universitäten in Fortsetzung ihrer schulischen Ausbildung und Erziehung noch viel zu vordergründig zu überzeugen versuchen, „wie herrlich weit“ wir es in der wissenschaftlichen Erkenntnis unserer Welt doch gebracht haben, und viel zu wenig spüren lassen, wie unvollkommen unser Wissen bei allem Respekt vor dem Fortschritt immer noch ist, ja, daß wir den jungen Leuten — was noch schlimmer ist — systematisch das Sichwundern abgewöhnen anstatt es ihnen anzuerziehen.

Leben ist nicht nur etwas, das wir als Objekt in unserer Welt finden und betrachten können, sondern Leben ist auch in uns als Subjekt. Wir sind Teil der Biosphäre, aus der wir uns nicht entlassen können. Der Mensch vermag Berge zu versetzen und Flüssen ein neues Bett zu geben, er kann unter Wasser die Ozeane durchqueren und schneller als der Schall fliegen, er hat gelernt Atome zu spalten und Seuchen zu bekämpfen. Er wird sich aber niemals als Lebewesen von der Biosphäre trennen können, in die er als ein Glied fest integriert ist und aus der er seine Existenzbedingungen schöpft. Zerstört er die Biosphäre, so zerstört er sich selbst mit. „Es scheint, einige Nur-Wissenschaftler von heute haben vergessen, daß der Mensch Teil der Natur ist und daß die Natur ihm deshalb niemals fremd werden kann“, hinterließ der große Biochemiker Rudolf

LEMBERG in einem unvollendeten Manuskript mit dem Titel „Complementary“ [231].

Friedrich ENGELS schrieb bereits vor hundert Jahren [232]: „So werden wir bei jedem Schritt daran erinnert, daß wir keineswegs die Natur beherrschen, wie ein Eroberer ein fremdes Volk beherrscht, wie jemand, der außer der Natur steht — sondern daß wir mit Fleisch und Blut und Hirn ihr angehören und mitten in ihr stehen, und daß unsere Herrschaft über sie darin besteht, im Vorzug vor allen anderen Geschöpfen ihre Gesetze erkennen und richtig anwenden zu können.“

Leben entstand auf unserem Planeten, als die chemischen und physikalischen Bedingungen auf seiner Oberfläche es zuließen, vor mehr als drei (3,3 bis 4) Milliarden Jahren. Damals war die Erde bereits etwa 1 Milliarde Jahre alt. Erst vor etwa 0,6 Milliarden Jahren traten die ersten mehrzelligen Eukaryoten auf, von denen „explosionsartig“ [233] in erstaunlich schneller Folge eine Vielzahl hochentwickelter Lebensformen ihren Ausgang nahm. Mit dem Erscheinen des Menschen auf der Plattform des Geschehens vor etwa 2 Millionen Jahren trat ein ganz neues Moment auf. Es erschienen Wesen, die nicht nur lebten, sondern sich selbst bewußt erlebten, die um die Vergänglichkeit ihrer eigenen Existenz und ihres unausweichlichen Todes wußten. Wesen, die sich eine Sprache und später die Schrift schaffen konnten.

In den mehr als 3 Milliarden Jahren der Evolution bis zu diesem Zeitpunkt hatte nur ein Prinzip, das der Vervollkommnung von Generation zu Generation über Änderungen im genetischen Codesystem geherrscht. Es arbeitete zwar sehr langsam, dafür aber „mit größter Akribie“ [234]. Der Mensch hat sich durch die Sprache und Schrift eine neue Möglichkeit geschaffen, gewonnene Erfahrungen für die Art über die Generationen hinweg zu erhalten und nutzbar zu machen. An die Seite der biologischen Evolution und auf ihr aufbauend trat eine kulturelle Evolution. Das genetische Gedächtnis wird überhöht durch das synaptische Gedächtnis, das synaptische Gedächtnis durch das Transistorengedächtnis [235].

Der Mensch hat sich durch seine bewußte Tätigkeit mit Hilfe der Technik ökologische Nischen erschlossen, die ihm auf Grund seiner biologischen Organisation nie zugänglich gewesen wären. Er wurde damit zum gefährlichsten Konkurrenten für zahlreiche Tiere und Pflanzen auf unserer Erde. Nur er vermag seine Umwelt zielstrebig und in großem Umfange zu seinem Nutzen oder — zu seinem Schaden — umzugestalten. Die Macht, die den Menschen befähigt zu planen, ist die gleiche, die ihn befähigt, zu zerstören. Die Geschwindigkeit der kulturellen Evolution ist enorm groß und ständig noch im Wachsen begriffen, so daß sie der Kontrolle durch den Menschen zu entgleiten droht. Der Mensch ist in seinen technischen Mitteln ein Riese geworden, die Vernunft ist aber nicht in gleichem Maße mitgewachsen.

Fassen wir alle es als unsere vornehmste Pflicht und Aufgabe auf, unseren Planeten in seiner Schönheit zu erhalten und dafür zu sorgen, daß der Frieden für alle Menschen stabiler wird und ein nukleares Inferno, das unsere „Mutter Erde" unbewohnbar machen würde, mit allen uns zur Verfügung stehenden Mitteln verhindert wird. Es ist noch nicht zu spät, es ist aber auch keine Zeit mehr zu versäumen.

Die Biologen wissen besonders gut um die Zerbrechlichkeit und Einmaligkeit allen Lebens sowie um die Irreversibilität seiner Auslöschung. Wir haben die Möglichkeit, den Hunger zu bannen und eine friedliche Zukunft aller Menschen herbeizuführen, nutzen wir sie! „Das Wesen des Guten ist: Leben erhalten, Leben fördern, Leben auf seinen höchsten Wert bringen. Das Wesen des Bösen ist: Leben vernichten, Leben schädigen, Leben in seiner Entwicklung hemmen" [236], lehrte uns der große Humanist Albert SCHWEITZER.

11. Literatur

[1] KANT, I.: Kritik der praktischen Vernunft. Grundlagen zur Metaphysik der Sitten. Verlag Philipp Reclam jun., Leipzig 1978, S. 191.

[2] POPPER, K. und J. C. ECCLES: Das Ich und sein Gehirn. 2. Aufl. R. Piper & Co. Verlag, München—Zürich 1982, S. 21.

[3] CRICK, F.: Das Leben selbst. Sein Ursprung, seine Natur. R. Piper & Co. Verlag, München—Zürich 1981, S. 109—123.

[4] Natural Resources and the Environment Series. Volume 8: The World Environment 1972—1982 (eds.: M. Holdgate, M. Kassas, G. F. White). Tycooly International Publ. Ltd., Dublin 1982, p. 216.

[5] Haack Hausatlas. VEB Hermann Haack, Gotha/Leipzig 1973, S. 84.

[6] ebenda S. 95.

[7] CRICK, F.: Of Molecules and Men. University of Washington Press, Seattle-London 1966.

[8] VERWORN, M.: Die Erforschung des Lebens. Fischer Verlag, Jena 1907, S. 6f.

[9] SCHLEIDEN, M. J.: Grundzüge der wissenschaftlichen Botanik. 1861.

[10] KÖRNER, U.: Zur Bestimmung des naturwissenschaftlichen Begriffs Leben und Fragen des Begreifens von Entwicklung. Dt. Z. Phil. **18** (1970), 960—979.

[11] WITTGENSTEIN, L.: Tractatus Logico-Philosophicus. Routledge and Keyan Paul, London 1922.

[12] POPPER, K. and ECCLES, J. C.: Das Ich und sein Gehirn. 2. Aufl. R. Piper & Co. Verlag, München—Zürich 1982, S. 134.

[13] ebenda S. 650.

[14] NACHTIGALL, W.: Einführung in biologisches Denken und Arbeiten. Quelle & Meyer Verlag, Heidelberg 1972, S. 13.

[15] MESSER, A.: Geschichte der Philosophie im Altertum und Mittelalter. 3. Aufl. Quelle & Meyer Verlag, Leipzig 1918, S. 57.

[16] BÜNNING, E.: Der Lebensbegriff in der Physiologie. Studium generale **12** (1959), 127—133.

[17] TSCHERMAK, A. v.: Allgemeine Physiologie, 1. Band. Springer Verlag, Berlin 1924.

[18] SPENCER, H.: The Principles of Biology. 1864.

[19] DARWIN, Ch.: Variation of Animals and Plants under Domestication. 2 Bände, 27. Kap., 1867.

[20] PFLÜGER, E.: Über die physiologische Verbrennung in den lebenden Organismen. Pflügers Arch. **10** (1875), 251.

[21] DE VRIES, H.: Intracellulare Pangenesis. Jena 1889.

[22] WEISMANN, A.: Das Keimplasma, eine Theorie der Vererbung. Jena 1892.

[23] HAECKEL, E.: Über die Wellenerzeugung der Lebensteilchen oder die Perigenesis der Plastidule. Gemeinverständliche Vorträge und Abhandlungen aus dem Gebiet der Entwicklungslehre. 2. Aufl., 2. Band, Bonn 1902, S. 31–97.

[24] VERWORN, M.: Die Biogenhypothese. Jena 1903. Allgemeine Physiologie. 7. Aufl. Fischer Verlag, Jena 1922, S. 637–646.

[25] FISCHER, H.: Enzym und Protoplasma. Ztbl. f. Bakteriol. II. Abt. 10 (1903), 452.

[26] MEYER, A.: Morphologische und physiologische Analyse der Zelle der Pflanzen und Tiere. 1920.

[27] WOLKENSTEIN, M. W.: Moleküle und Leben. Einführung in die Molekularbiophysik. VEB Georg Thieme, Leipzig 1969, S. 1.

[28] HAECKEL, E.: Generelle Morphologie der Organismen. 2 Bände. Georg Reimer Verlag, Berlin 1866. Bd. I, S. 166.

[29] HAECKEL, E.: Die Lebenswunder. Gemeinverständliche Studien über biologische Philosophie. Körner Verlag, Stuttgart 1904, S. 40.

[30] HAECKEL, E.: Gemeinverständliche Vorträge und Abhandlungen aus dem Gebiet der Entwicklungslehre. 2. Aufl., 2. Band, Verlag E. Strauß, Bonn 1902, S. 47.

[31] HAECKEL, E.: Die Lebenswunder. Gemeinverständliche Studien über biologische Philosophie. Körner Verlag, Stuttgart 1904, S. 142–43.

[32] HAECKEL, E.: Generelle Morphologie der Organismen. 2 Bände. Georg Reimer Verlag, Berlin 1866. Bd. I, S. 140.

[33] SPENCER, H.: System der synthetischen Philosophie. II. Band: Die Principien der Biologie, I. Band. Schweizerbart'sche Verlagsbuchhandlung, Stuttgart 1876, S. 21.

[34] NAEGELI, C. W. von: Theorie der Abstammungslehre. München und Leipzig 1884, S. 89.

[35] VERWORN, M.: Allgemeine Physiologie. 7. Aufl. Fischer Verlag, Jena 1922.

[36] KAPLAN, R. W.: Der Ursprung des Lebens. Georg Thieme Verlag, Stuttgart 1972, S. 54 bzw. 69.

[37] BELJAJEW, D.: Methodologische Probleme der Biologie. In: Der Dialektische Materialismus und die moderne Wissenschaft. Internationaler Verlag „Frieden und Sozialismus", Prag 1978, S. 103.

[38] KUHN, H. und J. WASER: Selbstorganisation der Materie und Evolution früher Formen des Lebens. In: Biophysik (Hrsg.: W. Hoppe, W. Lohmann, H. Markl, H. Ziegler). 2. Aufl. Springer Verlag, Berlin–Heidelberg–New York 1982, S. 866.

[39] GÜNTHER, E.: Lehrbuch der Genetik, 4. Aufl., VEB G. Fischer Verlag Jena 1984, S. 79 bzw. 93.

[40] MONOD, J.: Zufall und Notwendigkeit. Philosophische Fragen der modernen Biologie. 2. Aufl. Deutscher Taschenbuch Verlag, München 1975.

[41] EIGEN, M. und R. WINKLER: Ludus vitalis. Mannheimer Forum 1973/74, S. 114.

[41a] SPIEGELMAN, S., D. R. MILLS a. R. L. PETERSON: An extracellular Darwinian experiment, with a self-duplicating nucleic acid molecule. Proc. Nat. Acad. Sci. USA 59 (1967) 217–224.

[42] BERNARD, C.: Leçons sur les phénomènes de la vie. Paris 1878 (2. éd. 1885). Tome 1. Leçon 1.

[43] BÜNNING, E.: Der Lebensbegriff in der Physiologie. Studium generale 12 (1959), S. 127–133.

[44] JORDAN, H. J.: Allgemeine und vergleichende Physiologie der Tiere. Fischer Verlag, Jena 1929.

[45] BUNGE, M.: Some Topical Problems in Biophilosophy. J. Social. Biol. Struct. 2 (1979), 155–172.

[46] HASSENSTEIN, B.: Kybernetik und biologische Forschung. In: Handbuch der Biologie (Hrsg.: F. Gessner). Band I/2: Allgemeine Biologie, 1. Teil, S. 629–719.

[47] ENGELHARDT, W.: Das Problem des Lebens in der modernen Naturwissenschaft. Biologie in der Schule H. 12, 1969, S. 504.

[48] HOLST, E. von: Von der Kunst des Geigenbaues. Lebendiges Wissen Band 99 der „Sammlung Dietrich". Wiesbaden 1953, S. 209–215.

[49] MONOD, J.: Zufall und Notwendigkeit. Philosophische Fragen der modernen Biologie. 2. Aufl. Deutscher Taschenbuch Verlag, München 1975, S. 98/99.

[50] GOETHE, J. W.: Zur Morphologie: Die Absicht eingeleitet. Gesamtausgabe seiner Werke. H. Böhlau, Weimar 1891. II. Abt., 6. Band, I. Theil, S. 14.

[51] EIGEN, M. und P. SCHUSTER: Die Naturwissenschaften 64 (1977), 541–565.

[52] EIGEN, M.: Wie entsteht Information? Prinzipien der Selbstorganisation in der Biologie. Bericht der Bunsengesellschaft 80 (1976), 1059–1081.

[53] MONOD, J.: Zufall und Notwendigkeit. Philosophische Fragen der modernen Biologie. 2. Aufl. Deutscher Taschenbuch Verlag, München 1975, S. 127.

[54] ECCLES, J. C.: Das Rätsel Mensch. Die Gifford Lectures an der Universität von Edinburgh 1977–1978. Ernst Reinhardt Verlag, München–Basel 1982, S. 64.

[55] SITTE, P.: Die lebende Zelle als System, Systemelement und Übersystem. Nova Acta Leopoldina N. F. Bd 47, Nr. 226 (1978), S. 195–216.

[56] ROUX, W.: Das Wesen des Lebens. In: Die Kultur der Gegenwart 3. Teil, 4. Abt., 1. Bd.: Allgemeine Biologie. Verlag BG Teubner. Leipzig–Berlin 1915, S. 174.

[57] HAECKEL, E.: Die Lebenswunder. Gemeinverständliche Studien über biologische Philosophie. Körner Verlag, Stuttgart 1904, S. 32.

[58] HARTMANN, M.: Allgemeine Biologie, 4. Aufl. Fischer Verlag, Stuttgart 1953, S. 32.

[59] BECQUEREL, P.: Ça suspension de la vie au confins du zéro absolu entre 0.0075 °K et 0.047 °K. Rôle de la synèrése réversible cytonucléo-plasmique. Proc. 8th internat. Congr. Réfrig. 1951, p. 326.

[60] DOMBROWSKI, H. J.: Lebende Bakterien aus dem Paläozoicum. Biol. Zbl. 82 (1963), 477–484.

[61] SCHULTZ, J.: Die Maschinentheorie des Lebens. 1909, S. 26.

[62] TRINTSCHER, K. S.: Biologie und Information. Teubner Verlagsges., Leipzig 1967, S. 102.

[63] EIGEN, M. und R. WINKLER: Ludus vitalis. Mannheimer Forum 1973/74, S. 58.

[64] FRANK, G. M. und W. A. ENGELHARDT: Über die Rolle der Physik und Chemie der modernen Naturwissenschaft. Akademie-Verlag, Berlin 1962, S. 273.

[65] MONOD, J.: Zufall und Notwendigkeit. Philosophische Fragen der modernen Biologie, 2. Aufl. Deutscher Taschenbuch Verlag, München 1975, S. 109.

[66] SIMPSON, G. G.: The Meaning of Evolution. 2nd ed. Yale University Press. New Haven—London 1967.
[67] BERNARD, C.: Leçons sur les phénomènes de la vie communs aux animeaux et aux végétaux. 1878—1879.
[68] SPENCER, H.: System der synthetischen Philosophie. II. Band: Die Principien der Biologie, I. Band. Schweizerbart'sche Verlagsbuchhandlung, Stuttgart 1876, S. 22.
[69] ENGELS, F.: Herrn Eugen Dührings Umwälzung der Wissenschaft. 18. Aufl. Dietz Verlag, Berlin 1975, S. 75.
[70] MANN, Th.: Der Zauberberg. Aufbau Verlag, Berlin—Weimar 1979, S. 390.
[71] OSTWALD, W.: Grundriß der Naturphilosophie. 2. Aufl. Reclam Verlag, Leipzig 1913, S. 173/174.
[72] BERTALANFFY, L. VON: Der Organismus als physikalisches System betrachtet. Naturwissenschaften 28 (1940), 521—531.
[73] RITTENBERG, D.: The application of isotope technique to problems of biology and medicine. J. Mt. Sinai Hosp. 14 (1948).
[74] SCHRIEFERS, H.: What is life? Z. Versuchstierkde 24 (1982), 16—22.
[75] WEISS, P. A.: The living system. Determinism stratified. In: Beyond Reductionism. New Perspectives in the Life Sciences. The Alpbach Symposium (eds.: Koestler, A., F. R. Smythies). Macmillan Co., New York 1968, S. 13.
[76] SCHILLER, F.: Die Worte des Glaubens.
[77] BERTALANFFY, L. VON: Problems of Life. New York 1960, S. 12.
[78] PFEFFER, W.: Handbuch der Pflanzenphysiologie, 1. Band, 2. Aufl. Leipzig 1897, S. 3.
[79] BERTALANFFY, L. VON: Theoretische Biologie, 2. Band 2. Aufl. Francke AG Verlag, Bern 1951; Biophysik des Fließgleichgewichts. Verlag Vieweg & Sohn, Braunschweig 1953.
[80] SPENCER, H.: System der synthetischen Philosophie. II. Band: Die Principien der Biologie, I. Band, Schweizerbart'sche Verlagsbuchhandlung, Stuttgart 1876, S. 63.
[81] SCHRÖDINGER, E.: Was ist Leben? Die lebende Zelle mit den Augen des Physikers betrachtet. 2. Aufl. Leo Lehnen Verlag GmbH, München 1952, S. 109.
[82] ENGELHARDT, W.: Das Problem des Lebens in der modernen Naturwissenschaft. Sowjetwiss., Gesellschaftswiss. Beiträge H. 9 (1969).
[83] HESS, B.: Ernährung — ein Organisationsproblem der biologischen Energieumwandlung. Jahrbuch der Max-Planck-Gesellschaft 1974, S. 67 bzw. 64.
[84] KOTTJE, F.: Ann. d. Phil. u. phil. Kr. 6 (1927), 54.
[85] MONOD, J.: Zufall und Notwendigkeit. Philosophische Fragen der modernen Biologie. 2. Aufl. Deutscher Taschenbuch Verlag, München 1975, S. 68—82.
[86] STRECKER, F.: Das Kausalitätsprinzip der Biologie. Leipzig 1907.
[87] SCHRÖDINGER, E.: Was ist Leben? Die lebende Zelle mit den Augen des Physikers betrachtet. 2. Aufl. Leo Lehnen Verlag GmbH, München 1952, S. 95—107.
[88] OPARIN, A. I.: Das Leben, seine Natur, Entstehung und Entwicklung. VEB Gustav Fischer Verlag, Jena 1963, S. 13/14.
[89] PLANCK, M.: Wege zur physikalischen Erkenntnis. 4. Aufl., Leipzig 1944.

[90] MEIXNER, J.: Beziehungen zwischen Netzwerk-Theorie und Thermodynamik. In: Arbeitsgemeinschaft für Forschung des Landes Nordrhein-Westfalen, Heft 181, Köln 1968.

[91] HAASE, R.: Der zweite Hauptsatz der Thermodynamik und die Strukturbildung in der Natur. Naturwissenschaften 44 (1957), 409–415.

[92] WEIZSÄCKER, C. F. VON: Evolution und Entropiewachstum. In: Offene Systeme I. Beiträge zur Zeitstruktur von Information, Entropie und Evolution (Hrsg.: Ernst von Weizsäcker). Ernst Klett Verlag, Stuttgart 1974, S. 201–203 (auch erschienen in: Nova Acta Leopoldina NF Bd. 37/1, Nr. 206, Leipzig 1972).

[93] AUERBACH, F.: Die Grundbegriffe der modernen Naturlehre. Einführung in die Physik. 4. Aufl. Teubner Verlagsges., Leipzig 1917, S. 143.

[94] EIGEN, M. und R. WINKLER: Das Spiel. Naturgesetze steuern den Zufall. R. Piper & Co Verlag, München–Zürich 1975, S. 181/182.

[95] PRIGOGINE, I.: Étude Thermodynamique des Phénomènes irréversibles. Liège 1947. – (zus. mit J. M. Wiame): Biologie et Thermodynamique des Phénomènes irréversibles. Experientia 2 (1946).

[96] MONOD, J.: Zufall und Notwendigkeit. Philosophische Fragen der modernen Biologie. 2. Aufl. Deutscher Taschenbuch Verlag, München 1975, S. 35.

[97] EBELING, W. und FEISTEL, R.: Physik der Selbstorganisation und Evolution. Akademie Verlag, Berlin 1982, S. 67–73.

[98] PASYNSKY, A. G.: Biophysikalische Chemie (russ.) „Wysschaja schkola“, 1963.

[98a] WOOLHOUSE, H. W.: Negentropy, Information and the Feeding of Organisms. Nature 213 (1967) 952.

[98b] POPPER, K. R.: Time's Arrow and Feeding on Negentropy. Nature 213 (1967) 320.

[99] zit aus EBELING, W.: Strukturbildung bei irreversiblen Prozessen. Eine Einführung in die Theorie dissipativer Strukturen. Teubner Verlagsges., Leipzig 1976, S. 144.

[100] KLUGE, G. und G. NEUGEBAUER, Grundlagen der Thermodynamik. VEB Deutscher Verlag der Wissenschaften, Berlin 1976, S. 207.

[101] ONSAGER, L.: Physical Reviews 37 (1931), 405; 38 (1931), 2265.

[102] STOWARD, P. J.: Thermodynamic of biological growth. Nature (London) 194 (1962), 977–978.

[103] EIGEN, M.: Selforganization of Matter and the Evolution of Biological Macromolecules. Naturwissenschaften 58 (1971), 465–523.

[104] EBELING, W. und R. FEISTEL: Physik der Selbstorganisation und Evolution. Akademie Verlag, Berlin 1982, S. 42.

[105] JETSCHKE, G.: Prinzipien der spontanen Strukturbildung in Physik, Chemie und Biologie. Biol. Rdsch. 21 (1983), 73–92.

[106] EBELING, W.: Physikalische Faktoren bei Evolutionsprozessen: Entropieexport, Selbstproduktion und Mutation. Mitteilungsbl. d. Ges. f. exp. Med. 18 (1981), 44–59.

[107] BJÖRN, L. O.: Photobiologie. Gustav Fischer Verlag, Stuttgart 1975, S. 12.

[108] zit. aus EBELING, W.: Physik der Selbstorganisation und Evolution. ERNST-HAECKEL-Vorlesung, Friedrich-Schiller-Universität Jena 1983, S. 40–41.

[109] zit aus BRODA, E.: Die Entwicklung der bioenergetischen Prozesse. ERNST-HAECKEL-Vorlesung. Friedrich-Schiller-Universität Jena, Jena 1980, S. 11.

[110] PRIGOGINE, I.: Structure, dissipation and life. In: Theoretical Physics and Biology (ed.: M. Marois). North Holland Publ. Comp., Amsterdam–London 1969, p. 50.

[111] ROTHSCHUH, K. E.: Theoretische Biologie und Medizin. Berlin 1936, S. 29.

[112] LA METTRIE, J. O. de: Der Mensch eine Maschine. Verlag Philipp Reclam jun., Leipzig 1984 S. 105, 37 bzw. 113.

[113] ROUX, W.: Der züchtende Kampf der Theile oder die „Theilauslese" im Organismus. V. Cap. Ueber das Wesen des Organischen. Gesammelte Abhandlungen über Entwicklungsmechanik der Organismen: 1. Band Wilhelm Engelmann, Leipzig 1895, 387–416.

[114] RUSSEL, E. St.: Lenkende Kräfte des Organismus. A. Francke AG, Bern 1949, S. 7.

[115] MONOD, J.: Zufall und Notwendigkeit. Philosophische Fragen der modernen Biologie. 2. Aufl. Deutscher Taschenbuch Verlag, München 1975, S. 28/29.

[116] SCHWANN, Th.: Mikroskopische Untersuchungen. 3. Abschnitt: Theorie der Zellen. S. 220–257.

[117] HAECKEL, E.: Generelle Morphologie der Organismen. 1. Band: Allgemeine Anatomie der Organismen. Georg Reimer Verlag, Berlin 1866, S. 132–136.

[118] MONOD, J.: Zufall und Notwendigkeit. Philosophische Fragen der modernen Biologie, 2. Aufl. DTV, München 1975, S. 87.

[119] EIGEN, M. and R. WINKLER: Das Spiel. Naturgesetze steuern den Zufall. R. Piper & Co Verlag, München–Zürich 1975 S. 120.

[120] GIERER, A.: Physik der biologischen Gestaltbildung. Naturwissenschaften **68** (1981), 245–251.

[121] BERTALANFFY, L. VON: General System Theory. George Braziler, New York 1968.

[122] MAXWELL, J. C.: Theory of Heat. 1871, p. 328.

[123] SZILLARD, L.: Über die Entropieverminderung in einem thermodynamischen System bei Eingreifen intelligenter Wesen. Z. Phys. **53** (1929) 840.

[124] LEWIS, G. N.: Science **71** (1930), 569.

[125] DEMERS, P.: Les démons de Maxwell et le second principle de la thermodynamique. Can. J. Res. A **22** (1944), 27; Second law and the quantum theory. Can. J. Res. A **23** (1945), 47.

[126] BRILLOUIN, L.: Am. Scientist **37** (1949), 554; **38** (1950), 594; J. Appl. Phys. **22** (1951), 334; Science and Information Theory. New York 1962, pp. 162ff.

[127] WIENER, R.: Kybernetik – Regelung und Nachrichtenübertragung in Lebewesen und in der Maschine. 2. Aufl. Econ Verlag, Düsseldorf–Wien 1963, S. 100.

[128] TRIBUS, M. and MCIRVINE, E. C.: Energy and Information. Sci. Amer. **224** (1971), 179–188.

[129] SHANNON, C. and WEAVER, W.: The Mathematical Theory of Communication. University Illinois Press, Urbana 1949, S. 103.

[130] FLAMM, D.: Der Entropiesatz und das Leben: 100 Jahre Boltzmannsches Prinzip. Naturwiss. Rdsch. **32** (1979), 225–239.

[131] BRILLOUIN, L.: Science and Information Theory. 2nd ed., Academic Press Inc. Publ., New York 1969, p. XVII und 351.

[132] MONOD, J.: Zufall und Notwendigkeit. Philosophische Fragen der modernen Biologie, 2. Aufl. DTV, München 1975, S. 173.

[133] Morowitz, H. J.: Entropy for Biologists. Academic Press, New York–London 1970, p. 111.

[134] Shannon, C. E.: The mathematical theory of communication. Bell Syst. Techn. J. 27 (1948), 379.

[135] Shannon, C. E. and Weaver, W.; The Mathematical Theory of Communication. Univ. Illinois Press, Urbana 1949.

[136] Quastler, H. (ed.): Essays on the Use Information Theory in Biology. Univ. Illinois Press, Urbana 1953.

[137] Dancoff, S. and Quastler, H.: The Information Content and Error Rate of Living Things. In: Essays on the Use Information Theory in Biology (ed.: Quastler, H.) Univ. Illinois Press, Urbana 1953, pp. 263–273.

[138] Morowitz, H. J.: Some order-disorder considerations in living systems. Bull. Math. Biophysics 17 (1955), 81.

[139] Johnson, H. A.: Information theory in biology after 18 years. Science 168 (1970), 1545–1550.

[140] Lwoff, A.: Biological Order. 2nd ed. Massachusetts Inst. of Technology Press, Cambridge (Mass.) 1968, p. 93.

[141] Morris, Ch. W.: Foundation of the Theory of Signs. Internat. Encyclopedia of Unified Science Vol. I, Nr. 2. Chicago 1938.

[143] Ditfurth, H. von: Information über Information. Hamburg 1969.

[142] Brillouin, L.: Science and Information Theory. 2nd ed., Academic Press Inc. Publ., New York 1969, pp. 9–10.

[144] Blumenfeld, L. A.: Probleme der molekularen Biophysik. Akademie-Verlag, Berlin 1977, S. 30.

[145] Stegmüller, W.: Probleme und Resultate der Wissenschaftstheorie und analytischen Philosophie. Springer Verlag, Berlin–Heidelberg–New York 1969.

[146] Klaus, G. und Buhr, M.: Philosophisches Wörterbuch. 6. Aufl. VEB Bibliographisches Institut, Leipzig 1969, S. 1184.

[147] Aristoteles: De partibus animalium I, 1.

[148] Hartmann, N.: Philosophische Grundfragen der Biologie. Vandenhoeck & Ruprecht, Göttingen 1912, S. 98/99.

[149] Ungerer, E.: Die Regulationen der Pflanzen. Ein System der ganzheitbezogenen Vorgänge bei den Pflanzen. 2. Aufl., Springer Verlag, Berlin 1926, S. 10.

[150] Schopenhauer, A.: Die Welt als Wille und Vorstellung. Diogenes Verlag, Zürich 1977, Bd. II/1, S. 399.

[151] Schelling, F. W. J.: Zur Geschichte der neueren Philosophie. Münchener Vorlesungen. Philipp Reclam jun., Leipzig 1975, S. 88/89.

[152] Kant, I.: Kritik der Urteilskraft. Reclam Verlag, Leipzig 1968, § 68.

[153] ebenda § 67.

[154] ebenda § 64.

[155] ebenda § 65.

[156] Goethe, J. W.: Einwirkung der neuen Philosophie. Zur Morphologie. I. Band, 2. Heft, 1820 (in der Ausgabe der „Naturwiss. Schriften“, Cotta Nachf., Bd. 1, S. 184/185).

[157] HAECKEL, E.: Die Welträtsel. Gemeinverständliche Studien über Monistische Philosophie. 5. unveränd. Aufl. Strauß Verlag, Bonn 1900, S. 300.
[158] DRIESCH, H.: Der Vitalismus als Geschichte und als Lehre. Johann Ambrosius Barth, Leipzig 1905, S. 72/73.
[159] MAYR, E.: Evolution und die Vielfalt des Lebens. Springer Verlag, Berlin—Heidelberg—New York 1979, S. 200.
[160] ARISTOTELES: Über die Entstehung der Tiere. Buch 5, Kap. 8, S. 789 Berlin 1830
[161] VOLTAIRE: Philosophisches Wörterbuch, 4. Aufl. Philipp Reclam jun., Leipzig 1984, S. 140.
[162] UNGERER, E.: Die Regulationen der Pflanzen. Ein System der ganzheitbezogenen Vorgänge bei den Pflanzen. 2. Aufl., Springer Verlag, Berlin 1926, S. 1.
[163] K. MARX an F. LASSALLE (1861). Marx-Engels-Werke. Berlin. Bd. 30, S. 578.
[164] ENGELS, F.: Dialektik der Natur. Marx-Engels-Werke. Berlin, Bd. 20, S. 466.
[165] RIEDL, R.: Die Strategie des Genesis. Naturgeschichte der realen Welt. R. Piper & Co Verlag, München—Zürich 1984, S. 163.
[166] BOLTZMANN, L.: Populäre Schriften. Johann Ambrosius Barth, Leipzig 1905.
[167] HAECKEL, E.: Die Welträtsel. Gemeinverständliche Studien über Monistische Philosophie. Kröner Verlag, Leipzig, o. J. S. 118 bzw. 121.
[168] MAYR, E.: Evolution und die Vielfalt des Lebens. Springer Verlag, Berlin—Heidelberg—New York 1979, S. 14.
[169] HARTMANN, N.: Philosophische Grundfragen der Biologie. Vandenhoeck & Ruprecht, Göttingen 1912, S. 88.
[170] LORENZ, K.: Die Rückseite des Spiegels. Versuch einer Naturgeschichte menschlichen Erkennens. Deutscher Taschenbuch Verlag, München 1982, S. 38.
[171] LORENZ, K.: Das Wirkungsgefüge der Natur und das Schicksal des Menschen. Gesammelte Arbeiten (Hrsg.: I. Eibl-Eibesfeldt) 4. Aufl. Piper & Co Verlag, München—Stuttgart 1983, S. 27.
[172] LOTZE, H.: Leben, Lebenskraft. In: R. Wagner: Handwörterbuch der Physiologie, Braunschweig 1842, Band 1, S. 9ff. Zitiert aus: Ungerer, E.: Die Regulationen der Pflanzen. Ein System der ganzheitsbezogenen Vorgänge bei den Pflanzen. 2. Aufl. Springer Verlag, Berlin 1926, S. 21.
[173] SIGWART, C.: Der Kampf gegen den Zweck. In: Kleine Schriften. Band 2, S. 24—67. Mohr Verlag, Freiburg 1881.
[174] UEXKÜLL, J. von: Leitfaden in das Studium der experimentellen Biologie der Wassertiere. Wiesbaden 1905.
[175] MAYR, E.: Evolution und die Vielfalt des Lebens. Springer-Verlag, Berlin—Heidelberg—New York 1979, S. 221.
[176] GOLDSTEIN, A., LOWNEY, L. L., and B. K. PAL: Nat. Acad. Sci. USA **68** (1971), 1742—1747.
[177] HUGHES, J., SMITH, T. W., KOSTERLITZ, H. W., FORTHERGILL, L. A., MORGAN, B. A., and H. R. MORRIS: Nature **258** (1975), 577—579.
[178] UNGERER, E.: Die Regulation der Pflanzen. Ein System der ganzheitbezogenen Vorgänge bei den Pflanzen. 2. Aufl., Springer Verlag, Berlin 1926, S. 37.
[179] HARTMANN, N.: Der Aufbau der realen Welt. Grundriß der allgemeinen Kategorienlehre. De Gruyter, Berlin 1964, S. 486.

[180] BAER, C. E. VON: Über den Zweck in den Vorgängen der Natur. 1. Abt.: Über die Zweckmäßigkeit oder Zielstrebigkeit überhaupt. St. Petersburg 1866.

[181] PITTENDRIGH, C.: Adaptation, natural selection, and behavior. In: Behaviour and Evolution (eds.: A. Roe and G. G. Simpson) Yale University Press, New Haven 1958, pp. 390–416.

[182] DAVIS, B. D.: The teleonomic significance of biosynthetic control mechanisms. Cold Spring Harbor Sym. Quant. Biol. 26 (1961), 1–10.

[183] MONOD, J.: Zufall und Notwendigkeit. Philosophische Fragen der modernen Biologie. 2. Aufl. Deutscher Taschenbuch Verlag, München 1975, S. 31.

[184] MAYR, E.: Evolution und die Vielfalt des Lebens. Springer Verlag, Berlin–Heidelberg–New York 1979, S. 207–217.

[185] OSCHE, G.: Die vergleichende Biologie und die Beherrschung der Mannigfaltigkeit. Biologie in unserer Zeit 5 (1975), 139–146.

[186] WUKETITS, F. M.: Biologische Erkenntnis: Grundlagen und Probleme. Gustav Fischer Verlag, Stuttgart 1983, S. 247.

[187] PLESSE, W. (Hrsg.): Philosophische Aspekte der Biologie. VEB Gustav Fischer Verlag, Jena 1982, S. 83/84.

[188] ČÍŽEK, F. und D. HODÁŇOVÁ: Evolution als Selbstregulation. VEB Gustav Fischer Verlag, Jena 1971, S. 276.

[189] HUFELAND, Ch. W.: Ideen über Pathogenien und Einfluß der Lebenskraft auf Entstehung und Form der Krankheiten. Jena 1795.

[190] MONOD, J.: Zufall und Notwendigkeit. Philosophische Fragen der modernen Biologie. 2. Aufl., Deutscher Taschenbuch Verlag, München 1975, S. 42.

191] ROTHSCHUH, K. E.: Theoretische Biologie und Medizin. Junker und Dünnhaupt Verlag, Berlin 1936, S. 45.

[192] DRIESCH, H.: Philosophie des Organischen. 2. Bände. Engelmann, Leipzig 1909, S. 208.

[193] ebenda S. 207.

[194] ebenda S. 260.

[195] ebenda S. 171.

[196] ebenda S. 263.

[197] ebenda S. 138.

[198] ebenda S. 258.

[199] MAYER, R.: Die organische Bewegung in ihrem Zusammenhange mit dem Stoffwechsel. Ein Beitrag zur Naturkunde. Drechsler, Heilbronn 1845.

[200] zit. aus: WOLKENSTEIN, M. W.: Molekül und Leben. Einführung in die Molekularbiophysik. VEB Georg Thieme, Leipzig 1969, S. 2.

[201] BÜNNING, E.: Der Lebensbegriff in der Physiologie. Studium generale 12 (1959), 127–133.

[202] SCHAXEL, J.: Grundzüge der Theorienbildung in der Biologie. 2. Aufl. 1922.

[203] BERTALANFFY, L. von: Kritische Theorie der Formbildung. Abhdlg. zur theoretischen Biologie. Heft 27. Verlag Gebr. Borntraeger, Berlin 1928, S. 8.

[204] PRIGOGINE, I.: Vom Sein zum Werden. Zeit und Komplexität in den Naturwissenschaften. 2. Aufl. Piper & Co Verlag, München–Zürich 1980, S. 15.

[205] EBELING, W.: Physikalische Faktoren bei Evolutionsprozessen: Entropieexport, Selbstproduktion und Mutation. Mitteilungsbl. d. Ges. f. exp. Med. **18** (1981), 44–59.

[206] WEIZSÄCKER, C. F. VON: Gedanken über das Verhältnis der Biologie zur Physik. Nova Acta Leopoldina NF **31** Nr. 77 (1966), S. 237–251.

[207] DELBRÜCK, M.: A physicist looks at biology. Trans. Conn. Acad. Arts Sci. **38** (1949), 173–190.

[208] NICOLIS, G. and PRIGOGINE, I.: Self-organization in Nonequilibrium Systems. From Dissipative Structures to Order through Fluctuations. Wiley-Interscience Publication. John Wiley & Sons, New York–London–Sydney–Toronto 1977, p. 10.

[209] EBELING, W. and R. FEISTEL: Physik der Selbstorganisation und Evolution. Akademie-Verlag, Berlin 1982, S. 12.

[210] SCHRÖDINGER, E.: Was ist Leben? Die lebende Zelle mit den Augen des Physikers betrachtet. 2. Aufl. Leo Lehnen Verlag, München 1951, S. 108–113.

[211] PRIGOGINE, I.: Vom Sein zum Werden. Zeit und Komplexität in den Naturwissenschaften. 2. Aufl. Piper, München–Zürich 1980, S. 25.

[212] WALD, G.: Innovation in Biology. Sci. Am. **199** (1958), 107–113.

[213] HEISENBERG, W.: Physik und Philosophie. Berlin 1959, S. 81.

[214] MONOD, J.: Zufall und Notwendigkeit. Philosophische Fragen der modernen Biologie, 2. Aufl. Deutscher Taschenbuch Verlag, München 1975, S. 81.

[215] POPPER, K. R. und J. C. ECCLES: Das Ich und sein Gehirn. 2. Aufl. Piper, München–Zürich 1982, S. 39.

[216] FUCHS-KITTOWSKI, K.: Probleme des Determinismus und der Kybernetik in der molekularen Biologie. Tatsachen und Hypothesen über das Verhältnis des technischen Automaten zum lebenden Organismus. 2. Aufl. VEB Gustav Fischer, Jena 1976, S. 77.

[217] WEISS, P.: Life, Order and Understanding. A Theme in Three Variations. The Graduate Journal. Univ. Texas Press, Austin 1970, p. 20.

[218] UNGERER, E.: Die Erkenntnisgrundlage der Biologie. Ihre Geschichte und ihr gegenwärtiger Stand. In: Handbuch der Biologie (Hrsg.: F. Gessner). Band I/1, 1. Teil. Akad. Verlagsges. Athenaion, Konstanz 1965, S. 84

[219] HARTMANN, M.: Allgemeine Biologie. 4. Aufl. Fischer Verlag, Jena 1953, S. 273.

[220] RIEDL, R.: Evolution und Erkenntnis. Antworten auf Fragen aus unserer Zeit. Piper & Co Verlag, München–Zürich 1982, S. 119.

[221] FUCHS-KITTOWSKI, K., RAPOPORT, S. M., ROSENTHAL, H. A. und G. WINTGEN: Zur Dialektik von Notwendigkeit und Zufall in der Molekularbiologie. Dt. Z. Philos. **20** (1972), 418–443.

[222] zit. aus LORENZ, K.: Vergleichende Verhaltensforschung. Grundlagen der Ethologie. Springer Verlag, Wien–New York 1978, S. 17.

[223] JACOB, F.: Die Logik des Lebenden. Von der Erzeugung zum genetischen Code. S. Fischer Verlag, Frankfurt a. M. 1972, S. 199.

[224] MOHR, H.: Biologische Erkenntnis. Ihre Entstehung und Bedeutung. B. G. Teubner, Stuttgart 1981, S. 63–65.

[225] Bonner, J. T.: Kultur-Evolution bei Tieren. Paul Parey, Berlin—Hamburg 1983, S. 17.

[226] Weizsäcker, C. F. von: Gedanken über das Verhältnis der Biologie zur Physik. Nova Acta Leopoldina NF **31** Nr. 77 (1966), S. 237.

[227] Medawar, P. B.: Die Kunst des Lösbaren. Reflexionen eines Biologen. Vandenhoeck & Ruprecht, Göttingen 1972.

[228] Gadamer, H.-G.: Sein, Geist, Gott. In: Heidegger. Freiburger Universitätsvorträge zu seinem Gedenken. (Hrsg.: W. Marx). Albert, Freiberg und München 1977, S. 43.

[229] Popper, K. und J. C. Eccles: Das Ich und sein Gehirn. 2. Aufl. Piper Verlag, München—Zürich 1982, S. 89/90.

[230] Eigen, M. und R. Winkler: Das Spiel. Naturgesetze steuern den Zufall. Piper Verlag, München—Zürich 1975, S. 190.

[231] zit. aus: Eccles, J. C.: Das Rätsel Mensch. Die Gifford Lectures an der Universität von Edinburgh 1977—1978. Ernst Reinhardt Verlag, München—Basel 1982, S. 7.

[232] Engels, F.: Dialektik der Natur. Dietz Verlag, 8. Aufl. 1975, S. 173/174.

[233] Schopf, J. W.: Vor 600 Millionen Jahren — Explosion hochentwickelter Lebensformen. Urania 7 (1976), 36.

[234] Riedl, R.: Biologie der Erkenntnis. Die stammesgeschichtlichen Grundlagen der Vernunft. Paul Parey, Berlin—Hamburg 1979, S. 28.

[235] Alfven, H. und K. Alfven: Living on the third planet. Freeman & Co., San Fransisco 1972.

[236] Schweitzer, A.: Das Problem der Ethik in der Höherentwicklung des menschlichen Denkens. Ausgewählte Werke in fünf Bänden. Union Verlag, Berlin 1971. Band 5, S. 158.

Band 115

Heft 1 Prof. Dr. rer. nat. Hermann Berg, Wilhelm Ostwald – Erkenntnisse über die Biosphäre
1981. 36 Seiten – 7 Abbildungen – 3 Tabellen – 8° – M 6,

Heft 2 Prof. Dr. sc. Klaus Dörter, Aphorismen zur Qualität des Bewässerungswassers
1981. 31 Seiten – 11 Abbildungen – 11 Tabellen – 8° – M 6,–

Heft 3 Prof. Dr.-Ing. Dr. rer. nat. h. c. Paul Görlich, Die geschichtliche Entwicklung des wissenschaftlichen Gerätebaus und seine zukünftige Bedeutung 1981. 36 Seiten – 8° – M 6,–

Heft 4 Prof. Dr. Wolfgang Buchheim, Albert Einstein als Wegbereiter nachklassischer Physik
1981. 29 Seiten – 8° – M 4,–

Heft 5 Prof. Dr.-Ing. Herbert Krug, Die Technologie der Brikettierung von Weichbraunkohle im Lichte der Verfahrenstechnik und der besseren Nutzung dieses Energieträgers
1982. 20 Seiten – 13 Abbildungen – 8° – M 3,–

Heft 6 Prof. Dr. Ernst Neef, Der Verlust der Anschaulichkeit in der Geographie und das Problem der Kulturlandschaft 1981. 34 Seiten – 8° – M 5,–

Band 116

Heft 1 Prof. Dr. Werner Ries, Studien zum biologischen Alter
1982. 27 Seiten – 10 Abbildungen – 8° – M 4,–

Heft 2 Prof. Dr. Rudolf Sachsenweger, Augenunabhängige optosensorische Wahrnehmungsformen
1983. 19 Seiten – 8° – M 4,–

Heft 3 Prof. Dr. Hans-Georg Schöpf, Die Griechen und die Natur 1983. 62 Seiten – 8° – M 8,–

Heft 4 Prof. Dr.-Ing. Ján Benetin, Mathematisches Modell für das Wachstum von landwirtschaftlichen Kulturen und seine Verwertung in der quantitativen Beurteilung des Bewässerungseffektes auf die Steigerung der Ernteerträge 1983. 36 Seiten – 18 Abbildungen – 3 Tabellen – 8° – M 6,–

Heft 5 Prof. Dr. Hans Drischel †, Neues über die Pupille
1983. 30 Seiten – 26 Abbildungen – 8° – M 4,–

Heft 6 Prof. Dr. Benno Parthier, Der Beitrag der Molekularbiologie zur Evolutionserkenntnis
1983. 41 Seiten – 19 Abbildungen – 2 Tabellen – 8° – M 6,–

Heft 7 Prof. Dr. Adolf Watznauer, Die Rolle des Radons (Isotop ^{222}Rn) als Umweltfaktor – eine Übersicht
1983. 34 Seiten – 3 Abbildungen – 4 Tabellen – M 5,–

Band 117

Heft 1 Prof. Dr. sc. Klaus Dörter, Einige Aspekte zum landeskulturellen Nutzen des Meliorationswesens
1984. 31 Seiten – 10 Abbildungen – 11 Tabellen – 8° – M 8,–

Heft 2 Prof. Dr. Herbert Beckert, Nichtlineare Elastizitätstheorie 1984. 58 Seiten – 8° – M 8,–

Heft 3 Prof. Dr. Herbert Jordan, Zur funktionellen Normalität des Menschen
1984. 29 Seiten – 15 Abbildungen – 1 Tabelle – 8° – M 4,–

Heft 4 Dr. Arnd Bernhardt / Klaus-Dieter Jäger / Karl Mannsfeld / Inge Hartsch, Beiträge zum Problemkreis des Landschaftswandels
1985. 101 Seiten – 3 Abbildungen – 5 Tabellen – 2 Übersichten – 8° – M 14,–

Heft 5 Prof. Dr. Ott-Heinrich Keller, Das Zählen als angeborene Verhaltensweise
1984. 36 Seiten – 11 Abbildungen – 8° – M 6,–

Heft 6 Prof. Dr. Wolfgang Buchheim, Komplementarität nach Niels Bohr – physikgeschichtliche Episode oder universale Kategorie von Ergänzung? 1984. 30 Seiten – 3 Tabellen – 8° – M 4,–

Heft 7 Prof. Dr. Benno Parthier, Gene, Gentechnik, Genmanipulation
1984. 28 Seiten – 7 Abbildungen – 8° – M 4,–

Band 118

Heft 1 Prof. Dr. Hans Jürgen Rösler, Geowissenschaften und Geochemie
1985. 24 Seiten – 11 Abbildungen – 8° – M 4,–

Heft 2 Prof. Dr. Herbert Beckert, Axiomatik – Mathematik und Erfahrung
1985. 20 Seiten – 8° – M 3,–

Heft 3 Prof. Dr. Hermann Berg, Zellfusion, Transformation und Pharmakainkorporation durch Elektrostimulation 1985. 27 Seiten – 15 Abbildungen – 8° – M 4,–

Heft 4 Prof. Dr. N. Joachim Lehmann, Die analytische Maschine, Grundlagen einer Computer-Analytik
1985. 64 Seiten – 5 Abbildungen – 8° – M 8,–

Heft 5 Prof. Dr. Dietrich Uhlmann, Die anthropogene Eutrophierung der Gewässer – Ein umkehrbarer Prozeß? 1985. 32 Seiten – 16 Abbildungen – 8° – M 4,–

Heft 6 Prof. Dr. Friedrich Wolf, Dr. Magdalena Weise, Der Sirotherm-Prozeß – Ein Verfahren zur rationellen Wasserentsalzung 1986. 31 Seiten – 12 Abbildungen – 7 Tabellen – 8° – M 4,–

Heft 7 Dr. sc. Ruth Zwicker / Dr. sc. Herbert Führer / Gerhard Plötner / Prof. Dr. med Herbert Jordan / Prof. Dr. Wolfgang Buchheim, Modellversuche zum Fervoreffekt nach V. Vouk unter biophysikalischen Gesichtspunkten
1986. 52 Seiten – 14 Abbildungen – 10 Tabellen – 8° – M 7,–

Band 119

Heft 1 Prof. Dr. Werner Ries, Methoden und Erkenntnisse der Alternsforschung
1986. 31 Seiten – 20 Abbildungen – 8° – M 4,–

Heft 2 Prof. Dr. Heinz Penzlin, Die Erscheinung des Lebendigen in unserer Welt *Vorliegendes Heft*

Heft 3 Prof. Dr. Hans-Heinz Emons, Dr. sc. phil. Dr. rer. nat. Hans-Henning Walter, Historische Entwicklung und zukünftige Tendenzen der Siedesalz-Produktion unter besonderer Berücksichtigung der ehemaligen Salinen im sächsisch-thyringischen Raum
1986. 42 Seiten – 19 Abbildungen – 4 Tabellen – 8° – M 6,–

Heft 4 Prof. Dr. Herbert Jordan, "Basimetry": Ansätze einer chronotherapeutischen Urteilsbildung
1987. 31 Seiten – 16 Abbildungen – 1 Tabelle – 8° – M 4,–

Heft 5 Dr. sc. Harald Hilbig, Existenzsätze für einige Totwasserprobleme der Hydrodynamik
In Vorbereitung

Einzel- oder Fortsetzungsbestellungen durch eine Buchhandlung erbeten

Sitzungsberichte bis Band 108
durch das Zentralantiquariat der Deutschen Demokratischen Republik, Leipzig
ab Band 109 durch die Universitätsbuchhandlung, 7010 Leipzig, zum Teil noch lieferbar

AKADEMIE-VERLAG

DDR - 1086 Berlin, Leipziger Straße 3–4

ISBN 3-05-500097-8
ISSN 0371-327X

Zeitfracht Medien GmbH
Ferdinand-Jühlke-Straße 7
99095 Erfurt, Deutschland
produktsicherheit@kolibri360.de